The Rules of
Comfortable Kitchen

大師如何設計

廚房空間舒適美學

X-Knowledge Co. Ltd. —— 編著

瑞昇文化

第1章 與建築師一起打造的廚房

第3章 透過翻修的方式來打造的廚房

※本書所刊載的商品等物的價格不包含消費稅。
※本書所刊載的資訊是２０１５年12月當時的資訊。

第1章

The Architect's Kitchen

與建築師一起打造的廚房

CASE 1.

可以感受到海邊的風與陽光的開放式廚房

到了周末，許多人會造訪這間位於海邊的M邸，接受款待——一群人熱鬧地將島型廚房圍起來，很有渡假村的感覺。

攝影：松村隆史　撰文：松林HIROMI

2層樓的木造獨棟住宅
夫婦＋1個孩子
靜岡縣．M邸
設計：伊原孝則＋村山一美／FEDL（Far East Design Lab）

從下田的美麗海岸步行2分鐘，就能抵達M先生的家。到了週末，M氏夫婦的朋友會帶著小旅行般的心情，從東京來拜訪他們，參加夫妻倆舉辦的熱鬧派對。喜歡用料理來宴客的夫婦想要一個「能讓大家一起製作與品嘗料理的廚房」。

兩人將夢想託付給建築師伊原孝則先生。伊原先生提出的設計方案為，以大型島型廚房為中心的相連LDK。島型廚房內有裝設爐台。站在島型廚房內，可以一邊做菜，一邊與飯廳的人面對面聊天。再加上，妻子很講究收納空間，所以可收納的物品種類與收納位置也設計得很詳細。飯廳側的島型廚房櫃裡面放置了餐具和刀叉，客人可以自行取用，調味料等則放在爐台下方。這種基於動線考量的設計，實現了各得其所的收納方式。

除了功能性之外，認為「廚房也是室內裝潢之一」的伊原先生為了搭配混凝土地板，考慮採用不會讓風格變得過於厚重的顏色與設計。使用具備美麗木紋的胡桃木所製成的島型廚房，展現出宛如高級訂製家具般的氣息。

只要站在廚房內，就能盡情享受露臺的景致與室內中庭的開放感。若將窗戶打開來，海風就會清爽地吹拂臉頰。「雖然位於室內，但卻能感受到室外的氣氛，感覺很舒適。」在這個空間內，總是能夠感受到室內外融為一體的感覺。在適合從事戶外活動的時期，在露臺烤肉也很令人期待。許多人聚在一起，度過充實的時光──用來款待客人的空間擁有無窮樂趣。

上／古董風格的餐桌搭配由菲利普．史塔克（Philippe Starck）設計的椅子。地板的設計為，在混凝土上塗上斑點狀的保護漆。

左／透過高度達到天花板的大窗戶與室內中庭，來提昇LDK的開放感。FLOS的吊燈「AIM」是這個悠閒空間的特色。

室內裝潢的設計，可以讓人一邊體驗渡假氣氛，一邊感受都會風格。2樓由寢室與可自由運用的空間所組成。

在舒適通風的廚房內
聊起天來也會特別起勁

左／大型島型廚房的尺寸為130×165cm。透過不鏽鋼製的排煙管罩來罩住抽油煙機的排煙管，並通往上方的閣樓。

右下／為了方便取放推車，水槽旁邊的推車收納處與廚房地板是相連的。上菜時，推車是很方便的工具。

左下／飯廳這邊的櫃子內放了客人用的餐具與刀叉。可以依照要收納的物品種類來調整架子的高度。

將露臺設置在LDK和浴室之間。露臺可以用來當作家庭派對的場地，在夏天，只要擺放一個兒童泳池，就會成為很棒的遊樂場所。

右上／將浴缸設置在較低的位置，提昇浴室與露臺的連貫性。透過大窗戶來營造渡假村風格。寬敞舒適的浴缸是Tform的產品。

右下／在設計外觀時，想要呈現的是白色沙灘與都會生活這兩種印象。室內與室外都使用白色來當作基調，以突顯木製建材。

左下／以CERA公司的洗臉台為首，凳子與蠟燭等小東西的設計也都很講究，打造出風格很雅緻的盥洗室。

融入戶外景色
充滿開放感的空間

KITCHEN DATA

SPACE
廚房所在樓層的面積：60.56m²
廚房空間的面積：40.57m²

MATERIAL
地板：鋪設平整的混凝土後，再塗上保護漆
牆壁、天花板：使用乳膠漆（EP）塗料
檯面：不鏽鋼髮絲紋加工
廚房櫃門材質：胡桃木薄板
瓦斯爐：Harman「C3WL4PWAS」
瓦斯烤箱：Harman「DR420CK」
洗碗機：Panasonic「NP-45RD6S」
抽油煙機：ARIAFINA「CFEDL-951 S」
水龍頭設備：CERA TRADING「KW0191113R」
淨水器：Hurley II
廚房製作：內田木工所
企劃：the house

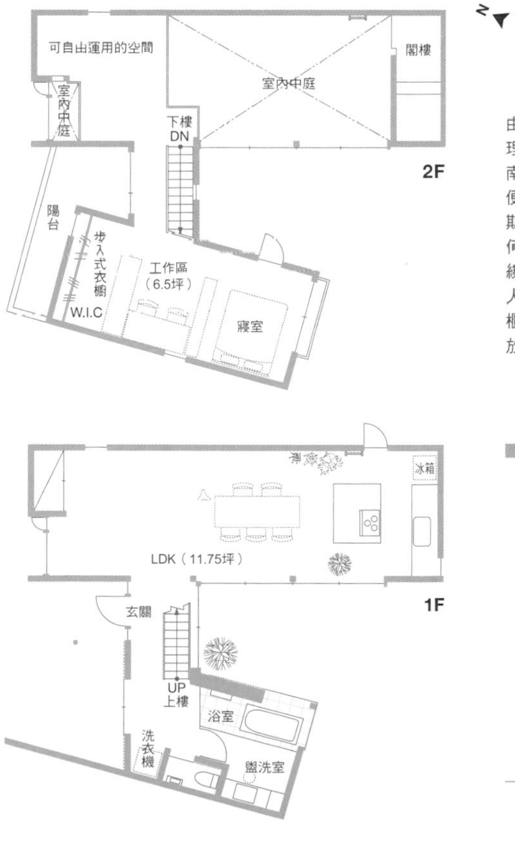

由於屋主的生活風格很重視享受料理，所以廚房設置在日照良好的東南側。為了讓人在做菜時也能很方便地與其他人交談，所以裝設了瓦斯爐的島型廚房與飯廳之間沒有任何東西阻隔。這個可以讓人在周圍繞圈圈的廚房，也很適合讓一大群人圍繞在四周。島型廚房與靠牆的櫃檯有設置豐富的收納空間，可以放置餐具、食材、鍋具等物。

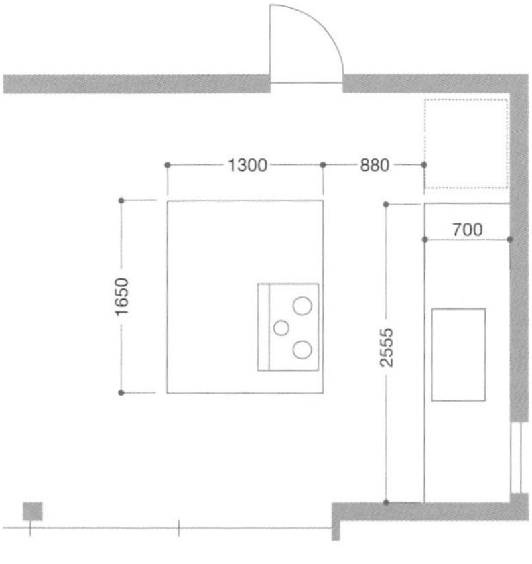

廚房設置在此樓層的中央，並透過差層式結構來連接兼作工作區的圖書室。妻子說「想要打造出單色調的廚房」，白色的人工大理石檯面與黑色的天然櫟木面材，都是她很講究的部分。

能夠維繫家人感情而且景致又好的置中型廚房

家人之間的溝通始於廚房。
廚房會間接地連接客廳與飯廳。
在這個採光良好的廚房內，可以邊聊天邊欣賞窗外的風景。

攝影：永禮 賢　撰文：松林HIROMI

CASE 2.

S邸的對面是一座寬闊的公園，中間隔著一條道路。在蓋房子時，屋主向建築師清水禎士&梨保子所提出的兩項重要需求為「景致良好的客廳&飯廳」、「容易與家人進行互動的廚房」。

接下這項委託後，清水先生所提出的設計方案為，在2樓設置大窗戶，透過差層式結構來打造出立體的空間。只要站在廚房內，客廳與飯廳當然不用說，連工作區的情況也是一目瞭然。

這個簡約的系統廚房採用的是「CUCINA CRITERIO」。很講究檯面與表面板材的搭配，模樣有如高級家具一般。為了搭配單色調的廚房，地板的材質選用灰色的塑膠地磚。藉由縮減色調來讓客廳與圖書室之間產生對比，給人整潔清爽的印象。櫃檯上刻意不設置直立隔板，而是做成平的，讓人也可以站在飯廳這邊使用。

另外，為了能夠和孩子們一起做菜，所以檯面的寬度採用85cm這種寬敞的尺寸。能夠讓家人自然地聚在一起的舒適廚房完成了。

2層樓的木造獨棟建築
夫婦＋2個孩子
埼玉縣・S邸
設計：清水禎士＋清水梨保子／
TRES建築事務所

料理與對話都從這裡開始
能讓所有家人自然地聚在一起的廚房

由於採用差層式結構，所以各個場所之間會帶有適度的距離感。充滿自然光的悠閒室內中庭也很舒適。

左下／運用吊櫃來收納餐具等物。採用符合預算，且性價比又高的IKEA商品。櫃檯下方是開放式櫃子，可以整齊地收納烹調器具與垃圾桶。

右下／S先生的家與公園之間隔著一條道路。為了欣賞悠然的景色，客廳內設置了大窗戶。從廚房與飯廳也能欣賞到這種豐富的景色，並帶來了開放感與寬敞感。

上／大尺寸的檯面使用起來非常方便。妻子說：「為了方便從飯廳這邊使用，希望廚房櫃檯上不要設置直立隔板。這樣的話，上菜和收拾碗盤都會很方便。」

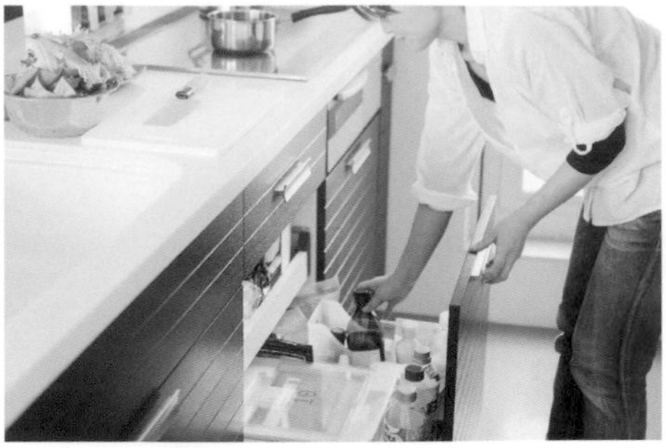

儲藏櫃內放置了米、調味料、平底鍋、鍋子等各種物品。「雖然做工很簡單，但卻意外地好用。」由於採用抽屜式設計，所以可以看到深處的物品，很方便。

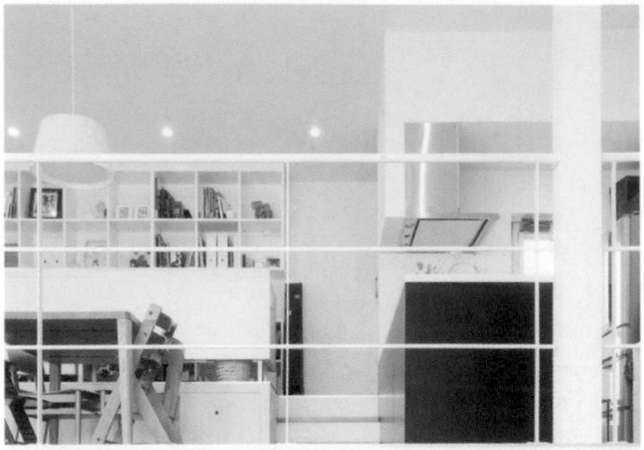

飯廳和廚房的正下方是位於1樓的兒童房的閣樓。該處被當成孩子們的遊戲場所來使用。只要打開拉門，就會與客廳相連，從廚房也能得知孩子們的情況。

左／由於飯廳和廚房採用開放式設計，所以到處都有設置收納空間。圖書室地板下方也有一個可以從飯廳這邊使用的收納空間。「能夠迅速收拾物品，想要用的時候，也能立刻取出，很方便。」

左下／比飯廳和廚房高出半層樓的圖書室是全家人共同使用的空間。靠牆的書架上擺放了與夫妻倆工作相關的書籍、居家生活類書籍、孩子們的繪本、喜歡的畫作等。

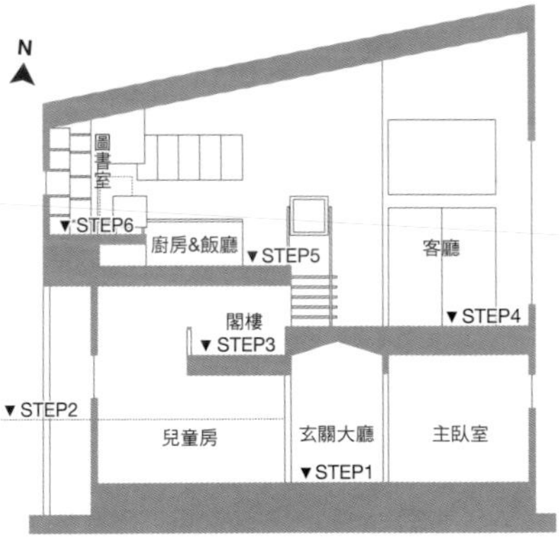

2樓部分採用差層式結構，以間接的方式來區隔相連的空間。藉由提升天花板高度，並在東側、南側設置大窗戶，將客廳打造成具有開放感的場所。位於客廳下方約50cm的閣樓則與孩子們的寢室相連。

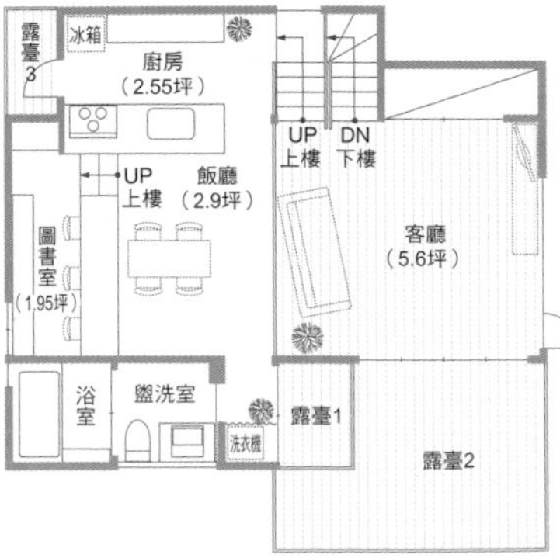

做家事的動線也是妻子特別講究的部分。為了讓烹調與洗衣工作能順利進行，洗衣機擺放位置與晾衣服用的露臺都集中設置在2樓，減少需要移動的距離。採光良好也是此設計的魅力所在。

KITCHEN DATA

SPACE

廚房所在樓層的面積：26.57m²
廚房空間的面積：8.55m²

MATERIAL

地板材質：塑膠地磚
牆壁、天花板材質：塑膠壁紙
檯面：人工大理石（檯面與水槽一體成型）
廚房櫃門材質：天然橡木鑲板，聚氨酯塗層
IH調理爐：Panasonic「CH-MRS7FCN」
洗碗機：Panasonic「NP-P45MD2WCN」
抽油煙機：ARIAFINA「LUS-901S」
水龍頭設備：INAX「SF-E546S」
淨水器：三菱Rayon「A103ZC」
廚房製作：CUCINA「CRITERIO」

在日常的家務中，和烹調一樣，洗衣服也是很重要的工作。在房間格局的規劃上，為了能夠順利進行烹調與洗衣服這兩項工作，所以把洗衣機擺放場所設置在飯廳深處。也設置了用來晾衣物的露臺，以減少做家事時所需的移動距離。

與開放式客廳相連的廚房

「能讓大家聚在一塊的大廚房」、「想要坐在室外階梯上放鬆心情」──。這棟住宅充滿了夫妻倆的夢想，室內外都有能讓客人放鬆的場所。

攝影：永禮 賢　撰文：宮崎博子

CASE 3.

在流行音樂的繚繞中，朋友們在客廳或廚房內談天說笑──在能夠擺脫工作的週末，佐藤邸會出現這樣的景象。

「想要打造成能讓大家輕鬆造訪的住宅。」

如同妻子所說的那樣，此住宅的主題是「好客之家」。原本住在東京都內的夫妻覺得「想要住在富有自然氣息的地方」，所以選擇擁有豐富自然環境的鎌倉來作為新天地。

夫妻倆所提出的要求為「庭院的室外階梯」、「將自然環境融入的家」、「休閒室」。建築師西田司回顧了符合這些條件的設計方案。

「佐藤邸是一棟有考慮到『邂逅方式』的住宅。即使住宅內有兩個人以上，還是能夠一邊感受空間的氣氛，一邊擁有自己的空間。感覺就像是在設計讓人們互相邂逅的街道或廣場。」

此住宅的建地66坪大，東西向較長，採用沒有圍牆的開放式設計，令人印象深刻。在朝著北側庭院敞開的LDK內，只要將窗戶打開，室內外就會融為一體。

想要讓整個家都融入自然環境中的佐藤邸，連房間格局也是採用開放式設計。只要從玄關踏入家中，就會進入有室內中庭的客

DATA
2層樓的木造獨棟住宅
夫婦　神奈川縣．佐藤邸
設計：西田 司＋海野太一＋一色Hirotaka
／ondesign & Partners

只要將中庭這邊的窗戶全部打開，室內外的界線就會變得模糊。地板採用顆粒細緻的混凝土露礫修飾工法。海野先生說：「客廳的地板使用橡木材，就像輕放了張地毯。」

廳，而且南側還有一個鋪設了木板的「室外房間」。

廚房位於L字形LDK的中央，是個觀賞庭院景色與體驗開放感的絕佳場所。尤其是精心打造的木製廚房，從設備到櫃門把手，都是妻子竭力蒐集而來。在網路上找尋迷人的外國照片後留言，逐一與設計師商量，才完成了這個廚房。在如古董家具般的廚房四周舉辦派對時，大家會自然地聚集，使廚房變成吧檯。

邀請很多客人來時，也有人會被熱鬧的聲音吸引，直接從庭院進來。天氣良好時，大家可以輕鬆地坐在室外階梯、露臺等各自喜愛的場所。

2樓是寢室、丈夫的DJ錄音室以及妻子的工作室。雖然寢室旁有連接上下樓層的室內樓梯，但透過室外階梯也能從露臺通往各個空間，也就是分棟式設計。

西田先生說：「除了箱子狀的房間以外，還會透過露臺、樓梯、庭院來連接其他的空白空間。與隔壁鄰居之間的空間，也能打造成有風吹過的綠地。」

將來，2樓的露臺預計會被當成工作坊的場地來使用。住宅內外都有許多能讓人聚在一塊的場所——此處成了洋溢著歡迎氣氛的悠閒舒適住宅。

大家會自然地聚集在這個備有大吧檯且日照充足的廚房

客廳內充滿了來自天窗與庭院的光線。弗里茨·漢森（Fritz Hansen）所設計的「字母沙發（Alphabet Sofa）」是夫妻倆很喜愛的休息場所。將光線照射在陽光與灰泥牆上的照明設備是來自英國的「PLUMEN」。

白橡木廚房的尺寸為，W270×D100×H90cm。開派對時，廚房的吧檯能發揮很大作用。妻子對於磨砂玻璃與在網路商店找到的握把等每個細節都很講究。

光線會從鑲上玻璃的樓梯與西側的窗戶照射進來，使廚房變得很明亮。邀請朋友們來作客時，大家會自然地聚集在廚房內。妻子製作料理，丈夫負責準備飲料。黃銅吊燈是「FUTAGAMI」公司的產品。

從與妻子工作室相連的露臺，眺望背對著山林的寢室方向。在採用分棟式設計的佐藤邸中，每個箱型區塊的外牆加工方式都不同，在室內的牆面上，也持續採用了這種設計。

KITCHEN DATA

SPACE

廚房所在樓層的面積：69.78m^2

廚房空間的面積：11.92m^2

MATERIAL

地板：使用大砂礫的露礫修飾工法

牆壁、天花板：jolypate塗料、以噴塗方式噴上柔性石材風格塗料、塑膠壁紙

檯面：不鏽鋼

水槽：不鏽鋼

廚房櫃門材質：白橡木

瓦斯爐：林內「RS71W5ALR2-SR」

烤箱微波爐：林內「RSR-S51E-ST」

洗碗機：ASKO「D5554」

抽油煙機：W-Double「HS-60S」

廚房製作：原創製作

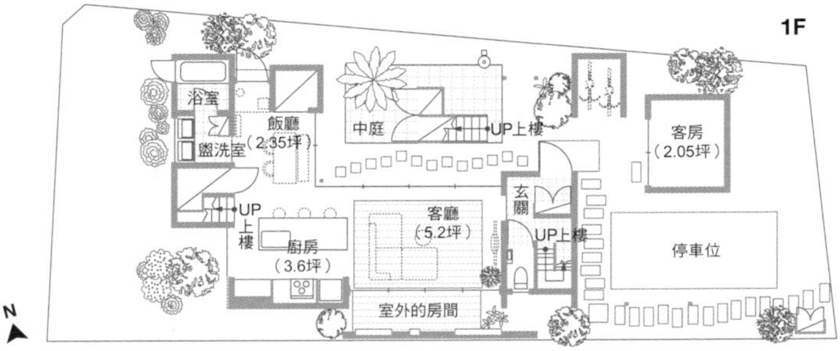

運用山形屋頂來設置大窗戶與細長窗，並透過窗戶來巧妙地擷取綠意盎然的景色。在採用柳安木膠合板製成的廚房中，刻意讓管線外露，以營造出休閒感。

靜靜地坐落在自然環境中的簡約廚房

一家四口在增建於正房旁邊的家展開新的生活。簡單樸素的廚房，能夠帶來屬於自己的快樂。

攝影：平野太呂　撰文：宮崎博子

CASE 4.

這個樸素的廚房靜靜地坐落在一室格局的大型「小屋」中。透過三角形的大窗戶，後院的青翠綠意映入眼簾，和煦的陽光照進室內。

這棟被命名為「小屋之家」的住宅是mA-style architects公司所設計的。據說，之前都住在丈夫老家的M氏夫婦想要的是「只使用舒適的材質來打造出自己的容身之處」。

建築師說：「由於是在老家的建地內增建，所以我們這邊的構想是『略小的大房間』。提出的方案為，不要將廚房製作得太精緻，而是做成有如擺放式家具那樣。」在這個與2樓相連的大空間中，非常簡單地將廚房設置在北側。舉例來說，容易產生存在感的水槽與抽油煙機，盡量選擇形狀平坦的小型設備。貼上與木材地板很搭的亮色系木質風格面材，打造出宛如訂製家具般的質感。

以交替的方式，將呈U字形的承重牆與水泥地設置在細長的建築物兩側。該水泥地能夠連接室內與室外，並具備通風與採光作用。

「即使在做菜，也能舒服地眺望整個家，連在後院玩耍的孩子也看得到，所以很令人放心。」

另外，水泥地比直接與廚房相連的地板低一些。即使暫且將買回來的東西放在這裡，也不易被客廳的人看見，能夠兼顧廚房的使用便利性與住宅的美觀。

採用簡約的設置方式，一邊使用，一邊花點心思，這樣廚房就完成了。在這個廚房內，能夠實際感受與年幼孩子們一起創造的生活。

妻子在用來捕捉綠意的細長窗上擺放了能透光的玻璃用品，以增添多彩的趣味。

2層樓的木造獨棟住宅
夫婦＋2個孩子
靜岡縣・M邸
設計：川本敦史＋川本MAYUMI／mA-style architects

從廚房眺望家中，最遠可以看到2樓的寢室。妻子說：「我最喜歡在早上一邊做早餐，一邊眺望照進樓梯的陽光。」將不鏽鋼板裝設在水槽上，擴大工作空間。

以飯廳兩側為首，1樓總共設置了6塊小水泥地。這種設計能使通風變得良好，且能讓生活空間與庭院更靠近。

KITCHEN DATA

SPACE
廚房所在樓層的面積：56.69m²
廚房空間的面積：16.56m²

MATERIAL
地板：複合式木地板，塗上木地板蠟
牆壁：石膏板，塗上丙烯酸乳膠漆（AEP）
天花板：柳安木膠合板，使用油性塗料
檯面：不鏽鋼髮絲紋加工
水槽：H&H Japan「LSB7638」
廚房櫃門材質：柳安木膠合板，使用油性塗料
IH調理爐：Teka「IR630EXP」
換氣扇：Panasonic「FY-27BM7/19」
內建淨水器的混合水龍頭：三菱Rayon．Cleansui「F914」
廚房製作：MARIMO製作所

能夠以窗戶為背景眺望整個樓層
倍感舒適的小巧廚房

上／面向廚房時，右側的牆面是擺放餐具與調味料的區域。雖然沒有裝設照明設備，但陽光會從大窗戶照進室內各處，所以亮度很夠。架子下方是多用途空間，可以放置送餐推車等物。

左上／德國Teka公司的IH調理爐等烹調設備的周圍採用很簡約的裝潢，省略了多餘的凹凸形狀。抽油煙機採用嵌入式木製外罩。將多葉片式風扇、濾油器、金屬框組合起來，然後用外罩包覆起來。

下／M邸興建在丈夫老家的旁邊。「在這個區域，有一種將小屋蓋在住宅旁的文化。」如同建築師所說的那樣，山形屋頂與街道的景色很搭。

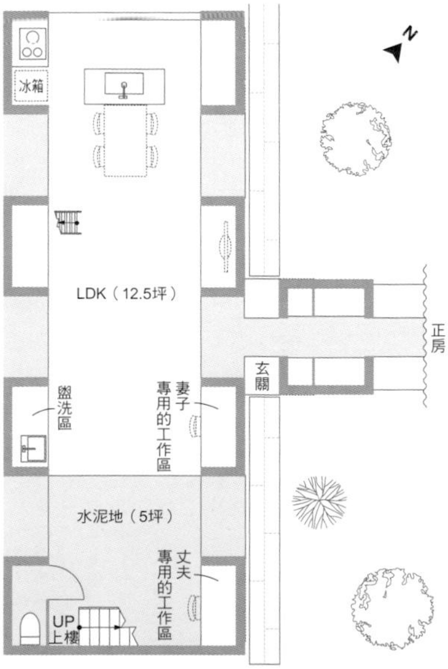

廚房設置在該樓層的最前端，站在廚房內可以眺望LDK、工作區、2樓的寢室。另外，從建築兩側向室內延伸的小塊水泥地，則是比地板矮上一截的半戶外空間。該空間既能發揮採光與通風作用，也能用來放置廚房四周的雜物與自行車。

採用開放式風格的設計，並將餐桌與廚房相連，讓人可以面對面聊天。櫃檯後方有裝設大窗戶，可以一邊做菜，一邊看海。

CASE 5.

宛如訂製家具般的胡桃木廚房

與餐桌一體成型的廚房採用木質材料，觸感很舒適。這個對全家人來說很特別的空間，帶有宛如咖啡店般的時尚風格，令人想要逗留很久。

攝影：Kazufumi nitta　撰文：宮崎博子

在朝陽的照耀下，一家三口圍坐在餐桌旁。一起賺錢養家的H氏夫婦很期待的週末，是從清爽的早晨時光開始的。

夫妻倆喜愛旅行，想要擁有「可以感受自然環境的別墅風格住宅」，於是在茨城的臨海高地買了土地。他們透過建築設計公司NASU CLUB的介紹，認識了

用來包覆排氣扇的表面板材一律採用胡桃木，外觀也很簡潔。檯面與櫃檯附近的牆壁，採用耐熱抗汙的堅固磁磚。

2層樓的木造獨棟住宅／夫婦＋1個孩子／茨城縣．H邸
設計：高橋 悟／TKD-ARCHITECT

建築師高橋悟先生，並將夢想託付給他。

妻子說：「我想要能夠容易得知家人情況的房間格局，以及可以看海的廚房。」

接下這項委託的高橋先生，設計了一個「讓所有房間都擁有面向大海方向的開口部位」的開放式方案。一樓的LDK是個相連的空間，在靠海側還設置了與室內相連的露臺。設置在北側的，是由深色木紋與灰色磁磚所組成的時尚飯廳與廚房。

「由於H先生想像出來的是色調沉穩的廚房，所以我選擇胡桃木來當作基本的建材與顏色。為了襯托窗外的風景，整個室內都採用簡約風格。」

厚實的餐桌與吧檯是由整塊胡桃木板接合而成，深褐色的表面板材與灰色地板很搭。能夠變更層板高度，而以櫃門來遮掩物品的收納櫃或食品儲藏櫃，都有多種用途。妻子說：「想要更加有效地運用收納空間，並多花一些心思在收納空間上，讓櫃子即使是打開著的，看起來也很美觀。」

妻子透過嵌入式烤箱烤出來的戚風蛋糕與蘋果派，也獲得了朋友們的好評。他們成功地打造出有如咖啡館一般的舒適廚房。

能夠將家中一覽無遺的舒適空間

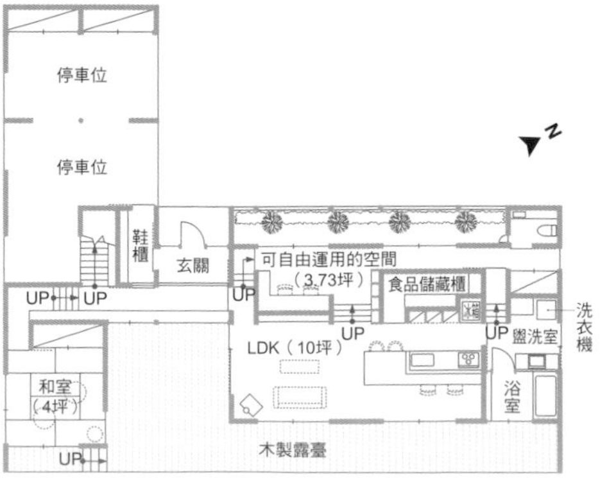

在此設計方案中，從LDK到浴室都集中設置在1樓，以享受靠近地面與海洋的生活。設置樓中樓，為看海方式與房間格局增添變化。在廚房內，將洗碗機與烤箱嵌入2700mm寬的區域。藉此，可以將上菜與收拾餐盤時的動線縮至最短。餐桌具備溝通交流的作用，可以用來讓孩子們寫功課，也可以用來招待客人。

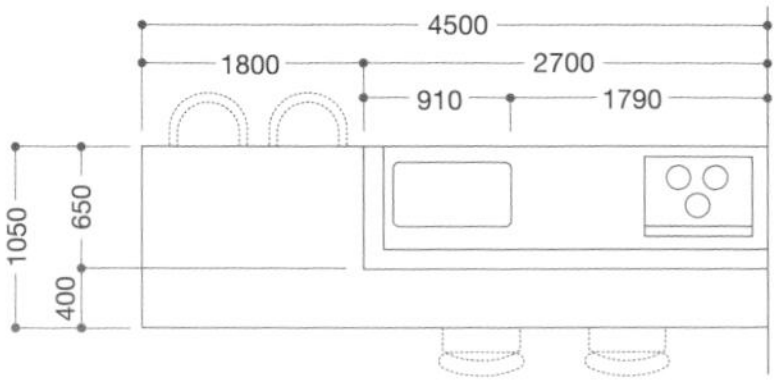

為了讓風格統一，與廚房相鄰的盥洗室也採用胡桃木。盥洗室與浴室之間用玻璃隔開。從浴室也能眺望美麗的海洋。

蓋在高地上的H邸四周都是樹木。傾斜屋頂的較低部分是面向海洋的LDK。從2樓可以更進一步地眺望廣闊的海洋。

LDK是一個沒有設置隔間牆的大房間。無論位於何處，都能看到家人的身影，令人很放心。

KITCHEN DATA

SPACE

廚房所在樓層的面積：163.96m²
飯廳、廚房的面積：15.47m²

MATERIAL

地板：鋪設30mm厚的純松木地板
牆壁、天花板：貼上矽藻土壁紙
檯面：義大利製的進口瓷磚
水槽：海福樂（Häfele）
抽油煙機、廚房櫃門材質：黑胡桃木
瓦斯爐：林內「RHS71W15G7R-STW」
瓦斯烤箱：林內「RSR-S51E-B」
洗碗機：Miele「G1162 SCVi」
換氣扇：原創
混合水龍頭：GROHE MINTA「FG32321」（CERA TRADING）
建築、廚房設計、住宅施工：NASU CLUB（那須俱樂部）

從廚房經過盥洗室、走廊，連接這座樓梯。透過可自由運用的空間與洄游動線，對孩子來說，整個家就會成為一座遊樂場。牆面上設置了許多收納空間，可以擺上妻子收集的餐具與日用品來當做裝飾。

能讓夫妻倆一起開心做菜的廚房

「夫妻倆一起做菜，並當場收拾乾淨」這種作法是片貝家的習慣。
這種設計凝聚了廚房的本質，也就是分擔家務與分享製作料理的喜悅。

攝影：平野太呂　撰文：宮崎博子

CASE 6.

從中庭連接玄關，透過這樣的動線，就能從廚房確認放學回家的孩子們的身影。也能在中庭享受烤肉與做日光浴的樂趣。

「看誰有空，誰就先開始準備晚餐。」如同丈夫所說的那樣，在屬於雙薪家庭的片貝家中，夫妻倆一起站在廚房內是很常見的事。

雖然以前住在東京，但後來妻子成為服裝打版師，夫妻倆展開新的事業與生活。他們決定回到

以島型廚房的檯面為中心，在靠牆側設置IH調理爐與水槽，將廚房分成3列。即使人很多，也能各自進行所分配到的工作。

DATA
2層樓的木[illegible]住宅
夫婦＋2個孩子
神奈川縣・片貝邸
設計：廣田 悟＋廣田泰子
／廣田悟建築設計事務所

老家湘南建造工作室兼自宅。

建築師廣田悟與廣田泰子接下了這項設計工作，夫妻倆所提出的要求為「希望將私人空間與工作空間區隔開來」。丈夫說，雖然「將中庭設在LDK與工作室之間」的設計方案立刻就定案了，但廚房的型態卻經過好幾次討論才決定。

「處理食材的時間會比待在爐子前的時間來得長對吧。因此，決定採用寬敞的島型廚房，讓人可以面對著孩子們所在的客廳做菜。」

廚房採用3列型設計，烹調區內設置了很大的島型廚櫃，背後是IH調理爐，另一側則是水槽。妻子負責切食材，丈夫在靠牆側的水槽洗東西，把醃好的肉拿到IH調理爐……透過這種「將廚房功能分配成三個區域」的三角形動線，夫妻倆就能輕鬆舒適地做菜。

據說在邀請熟識的廚師來掌廚的餐會中，一大群人把島型廚房團團圍住，場面很熱烈。就讀國中的兒子們平常就會在廚房附近走來走去。妻子說：「肚子餓的時候，他們還會用電腦上網找食譜，自己煮東西呢（笑）。」位於生活空間正中央的廚房，為這家人創造出健康的時光。

非常講究動線的
三角形廚房

Cleansui的內建淨水功能水龍頭與Miele的洗碗機等設備，都是夫妻倆親自到展示中心確認過設計與功能後才採用的。

左／有客人造訪時，可以透過拉門來將食品儲藏櫃隱藏起來，很方便。藉由活動式置物架來有效運用空間。櫃子內也擺放了冰箱與烤箱。

右／來自庭院的光線照進了位於廚房背後的盥洗室。洗手台是KAKUDAI公司的產品，水龍頭則是瑞士品牌「KWC」。

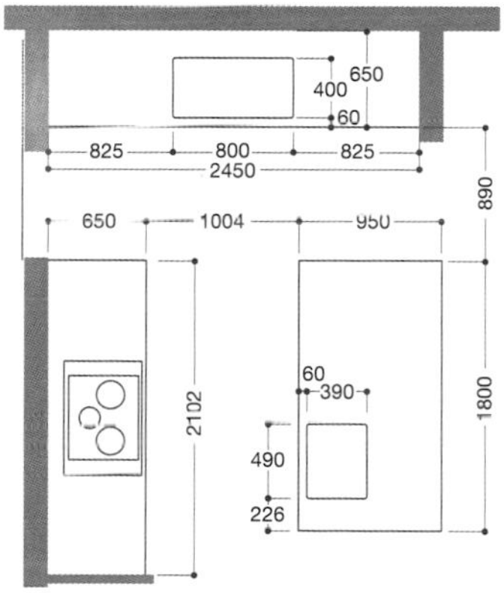

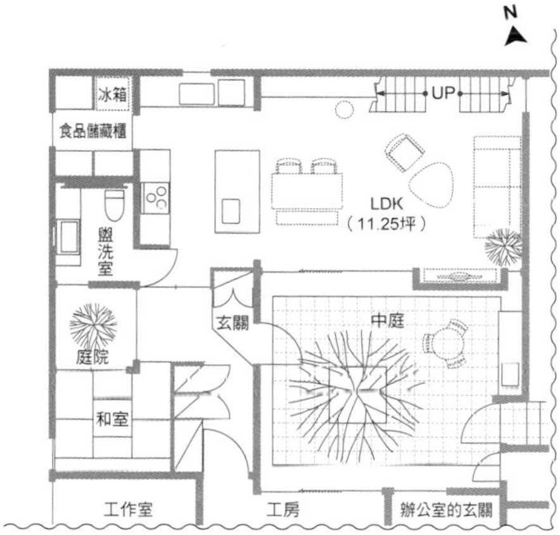

這項條理分明的設計透過中庭來將工作空間與私人空間分開。也有設置辦公室專用的玄關，可以無拘無束地生活。夫妻倆經營了「Pattern Label」（http://www.pattern-label.com/）這個網站，透過網路來販售妻子所設計的服飾與背包的版型。圖的下方是獨特的3列型廚房。島型廚房與IH調理爐之間的通道寬度為1004mm，讓人可以通過烹調者後方，而且也不會太寬。IH調理爐兩側的空間可以用於盛盤、擺放器具等，用途很多。

KITCHEN DATA

SPACE

廚房所在樓層的面積：140.88m²
廚房空間的面積：15.88m²（包含食品儲藏櫃）

MATERIAL

地板：鋪設柚木地板
牆壁：壁紙，部分採用磁磚，
廚房則貼上廚房壁板
天花板：貼上壁紙
檯面：人造大理石，
一部分採用不鏽鋼髮絲紋加工
水槽：與不鏽鋼檯面一體成型（特別訂製），
H&H Japan「SQR5040」
廚房櫃門材質：美耐皿樹脂
IH調理爐：Panasonic「KZ-JT75VS」
洗碗機：Miele「1142SCi」
抽油煙機：ARIAFINA「FED-901S」
內建淨水器的混合水龍頭：
三菱Rayon · Cleansui「F914」
混合水龍頭：GROHE EUROPLUS
「33972002」
廚房、盥洗室製作：LIMES

收納空間採用抽屜式設計，連放在最裡面的刀叉、餐具、工具都能一覽無遺。依照種類來整理，能夠迅速地取放物品。

能讓許多人一起享用料理的六角形廚房

CASE 7.

很好客的砂子先生想要有一個
能和孩子與朋友們一起熱鬧聚會的廚房。
這個世界上獨一無二的六角形檯面
可以讓大家一起製作、品嘗料理，讓他們感到很自豪。

攝影：森本菜穗子　撰文：松林HIROMI

2層樓的木造獨棟住宅
夫婦＋2個孩子
神奈川縣・砂子邸
設計：岸本和彥／acaa

砂子先生經常邀人來家裡作客。「我想要打造出一個能和家人與朋友一起製作料理，且能享受家庭派對的家。」砂子先生這樣說，並委託建築師岸本和彥進行設計。

岸本先生所提出的設計方案為，以飯廳、廚房為中心，讓空間朝四周延伸。只要一走進玄關後，就會來到LDK的中央，此處設置了一個很大的島型廚房，水槽與廚房是一體成型的。其長度約3m。就算有很多人圍在廚房旁，調理台的空間還是綽綽有餘，也可以將檯面當成餐桌，在此處開心地用餐、聊天。

獨特的六角形設計很引人注目。「只要一想像很多人聚集在這裡的畫面，就會覺得一般的四方形餐桌過於拘謹。我覺得，藉由刻意採用不規則形狀的設計，就能自然地營造出令人放鬆的空間。」岸本先生說。

西側有個大天窗，其下方設置了略為寬敞的長椅。妻子說：「這裡也可以坐五個人左右。由於光線會照射在此處，感覺很舒服，所以客人的評價也很好。有人說『有如簷廊一般，可以放鬆心情』。」

為了取得豐富的烹調設備，他們花了約一年的時間。他們過著很理想的生活，除了和長女一起製作料理，也會舉辦由專業廚師掌廚的餐會，有時則會邀請約20個朋友到家裡開派對。「有時候，初次見面的人也能一邊用餐，一邊加深對於彼此的認識。」砂子先生的廚房也營造出一個能創造邂逅的迷人空間。

右／在鍋子與蒸籠等烹調器具中，有許多符合「用之美」的產品。如同室內裝飾品般地收納在冰箱上方。

左上／這種設計讓3歲的長女也能幫忙做菜。六角形的吧檯很寬敞，可以擺放很多材料。

左下／廚房櫃的表面板材統一採用胡桃木。在儲藏櫃正中央設置用來採光的小窗戶。

2列型的廚房擁有很寬敞的工作空間。從烹調到裝盤都能順利進行，所以能夠放心地讓長女一起幫忙做菜。母親俐落地煮菜，女兒則在旁邊負責裝盤。親子共度歡樂時光。

人們聚集在六角形吧檯四周
聊起天來也特別起勁

右／六角形的島型廚房吧檯是這棟住宅的主角。天花板的高度為5m，透過閣樓來連接兒童房。

上／西側設置了大窗戶，可以眺望最愛的夕陽。白天時，柔和的光線會照射進來，給人一種悠然自得的印象。牆邊設置了用來當作長椅的台階。在許多人會聚在一起的場合，像是家庭派對，台階就會發揮作用。

下／廚房檯面與水槽為一體成型。水龍頭採用的是很好看的鵝頸式水龍頭TOTO「contemporary系列」。遠藤照明公司的小型吊燈可以用來襯托料理。

左／一走進玄關，就能看到位於左手邊的LDK。用來迎接訪客的，是讓人易於參與料理製作的島型廚房。位於右手邊（照片前方）的，則是能夠讓人靜下心來用餐的「內廳」。

下／儲藏櫃的右側，是利用相鄰的樓梯間所打造而成的收納櫃。除了用來當作食品儲藏櫃以外，也可以將吸塵器等各種日常用具集中收進此處，讓廚房看起來總是很整潔。

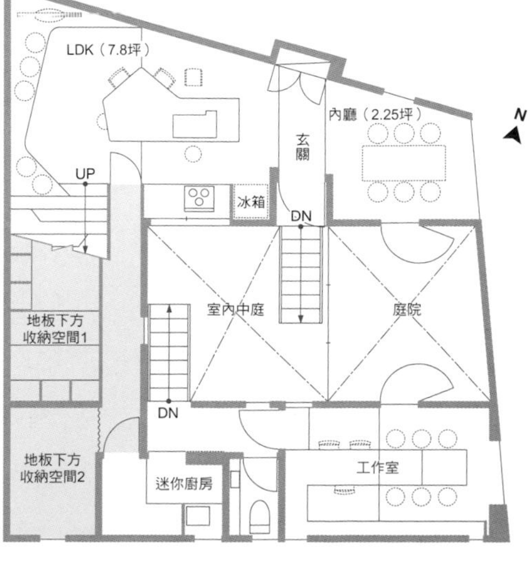

在格局上，是以口字形的方式來將庭院圍起來。可以透過裝設在廚房儲藏櫃上的小窗戶來眺望中庭。一走進玄關，立刻就能看到LDK與「內廳」，在此處能和客人一起做菜、用餐。這種設計也是砂子邸的特色。

KITCHEN DATA

SPACE

廚房所在樓層的面積：51.5m²
廚房空間的面積：20.6m²（包含長椅）

MATERIAL

地板：胡桃木地板
牆壁、天花板：Runafaser（粉刷專用的天然素材壁紙）
檯面：髮絲紋不銹鋼
廚房櫃門材質：胡桃木鑲飾膠合板平面門
瓦斯爐：林內「RHS31W10G7R-SR」
瓦斯烤箱：林內「RSR-30H0」
洗碗機：Panasonic「NP-45MD5W」
抽油煙機：訂製品
廚房水龍頭：TOTO「TKWC35」
淨水器水龍頭：TOTO「TK304AX」
廚房製作：由木工所製作

採用平整收納設計的廚房與堅固的混凝土建築很搭。調理爐側的窗戶外面與大陽台相連，可以一邊做菜，一邊欣賞景色。

CASE 8.

可以俯瞰街景的都會景觀廚房

在O邸的廚房內，能夠從4樓瞭望街景，一邊暢快地做菜。聰明的收納設計與絕妙的尺寸感很搭，可以說是理想的廚房。

攝影：今城 純　撰文：宮崎博子

透過位於角落的大窗戶，可以看到壯麗的風景在另一端不斷延伸——。O邸位於這棟4層樓混凝土建築的頂樓，在飯廳、廚房內，可以眺望市中心的高樓。

O女士與丈夫、5歲的長女三人一起生活。「晚餐會花費約2個小時來慢慢享受。」如同她說的那樣，她很重視在此處度過的時光。

房屋的建造也是由喜愛建築與室內裝潢的妻子率先提起。妻子受到建築師井手孝太郎先生的作品的結構美感所吸引，於是委託他進行設計。

沿著開口部位設置的大尺寸L型廚房，實現了「活用地理位置的用餐場所」這一點。由於屋主喜愛沉穩的風格，所以室內裝潢以灰色為基調，和混凝土建築也很搭。井手先生說，此設計方案的重點在於，通道的寬度與非對稱的餐桌。

「設計好能讓三人圍坐在餐桌旁的場所後，便開始設想各個方向的動線。將最常使用的通道的轉角處設計得寬一點，並縮減客廳側的餐桌寬度，讓人比較方便走動。」

雖然妻子不是那種將東西放在廚房檯面上之後就不收起來的

4層樓的鋼筋混凝土獨棟住宅
夫婦＋1個孩子　東京都．O邸
設計：井手孝太郎／artechnic
一級建築師事務所

人，不過廚房內除了基本的儲藏櫃以外，還有高度達到天花板的牆面收納空間，可以把東西收得很整齊。另外，據說除了瓦斯爐以外，也有裝設加熱設備，能讓料理變得更加多樣化。

「很多人聚在一起時，我常會用烤箱來製作法式鹹派。透過桌上型烤肉爐，丈夫就能將他喜歡的羔羊排烤得恰到好處。」食材滋滋作響，散發出香味。他們打造出了一個能夠體會料理樂趣的景觀廚房。

客廳很明亮，窗戶面向南側的公園。O邸位於3、4樓，3樓有個人房與浴室。1、2樓是出租空間。

為了讓水槽上方能夠關起來，蓋子採用與檯面相同的人造大理石所製成的。只要蓋上蓋子，就能當作調理台，到了晚上也能當作吧檯。

水槽寬達812mm，即使裝上了瀝水籃，還是有足夠空間來進行「把汆燙過的水倒掉」等工作。水槽下方也設置了垃圾桶。

電子鍋收納在滑軌抽屜中，水蒸氣不會悶在裡面。由於位在爐台側面，就算開著抽屜也不會造成動線上的阻礙。

GAGGENAU的烤肉爐能夠透過遠紅外線的效果來烤出美味的食物。也可以在正上方裝設可拆卸式的空氣清淨機兼照明設備「cookiray」。

檯面的人造大理石採用杜邦（Dupont）公司的可麗耐（CORIAN）「深灰」。妻子說：「就算弄髒了，也只需迅速擦拭，保養工作很輕鬆呢。」

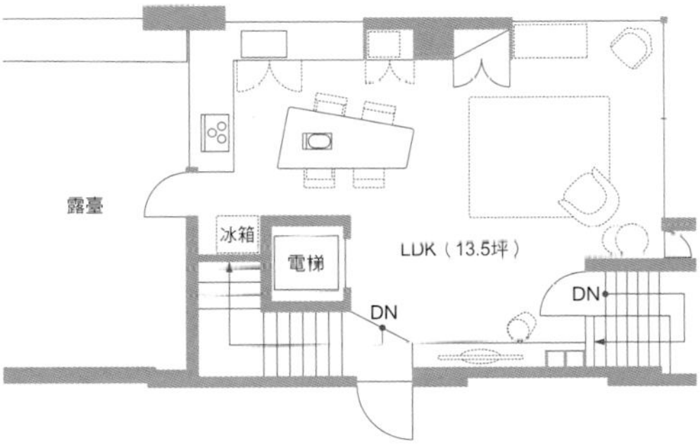

KITCHEN DATA

SPACE

廚房所在樓層的面積：60m²
廚房空間的面積：18m²

MATERIAL

地板：鋪設層積木地板
牆壁、天花板：清水混凝土工法，一部分使用含有骨材（aggregate）的塗料
檯面：人造大理石
水槽：人造大理石
廚房櫃門材質：在MDF（中密度纖維板）上塗滿聚氨酯塗料
瓦斯爐：林內「RHS71W15G8R-STW」
烤箱微波爐：Panasonic「NE-WB761P」
洗碗機：Miele「G5470 SCV i」
抽油煙機：ARIAFINA「CFEDL-951 TWK」
內建淨水器的混合水龍頭：CERA TRADING「KW0191113」
廚房製作：SSI公司

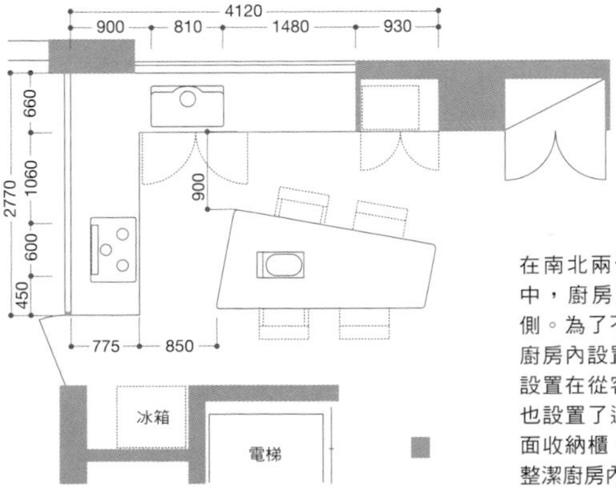

在南北兩側皆設有大開口部位的LDK中，廚房位於能照射到柔和光線的北側。為了不影響眺望視野與室內裝潢，廚房內設置了很充足的收納空間。冰箱設置在從客廳看不到的深處，餐桌附近也設置了連開飲機都放得下的大容量牆面收納櫃。在這個與建築物融為一體的整潔廚房內，不會看到多餘的東西。

CASE 9.

在設有室內中庭的廚房內欣賞悠然的景觀

這對從事創造性工作的夫妻的堅持，
讓他們遇見了建築師的獨創設計方案，
並打造出美麗的簡約飯廳、廚房。

攝影：永禮 賢　撰文：松林HIROMI

丈夫是髮型彩妝師，妻子則是攝影師。由於這種工作需要時常講求美感，所以他們想要的住宅風格也很明確。包含室內中庭在內的LDK要有15坪以上，也需要一個能觀賞草木的休憩場所，室內裝潢採用清爽的簡約風格。建地要位於採光良好的道路轉角處，且不會受到退縮線限制，需可以蓋成3層樓。幸運的是，他們找到了完全符合這些條件的建地，並委託竹內巖先生

透過差層式結構來讓廚房比客廳高出幾個台階。橫向長窗將廚房圍起來，無論站在何處，視野都很寬闊。窗台上裝設了用來收納百葉窗與照明設備的盒子，看起來很清爽。

3層樓的木造獨棟住宅
夫婦
神奈川縣・M邸
設計：竹內 巖／HAL ARCHITECTS

進行設計。M先生說：「竹內先生能幫我們將想要的風格與格局化為實體。」

竹內先生提出的設計方案為，將LDK設置在2樓，並讓腰高窗圍繞整個樓層。隔壁鄰居的綠意成了借景，景色宛如一連串電影底片持續延伸。雖然開口部位的設計令人覺得很大膽，但高度經過設計，不易感受到來自周遭的視線，藉由巧妙地設置柱子與牆壁就能保護隱私。

在飯廳、廚房內，透過差層式結構來讓客廳的地板較低，使空間更有縱深感。妻子說：「由於開放式廚房的景致很好，所以和朋友一起做菜也很開心。」廚房櫃檯下方為收納空間，可將烹調器具與餐具等全部收起來。有客人來訪時自不用說，在日常生活中也會努力維持整潔的環境。

如同屋主的要求，客廳是個寬敞舒適的空間。屋主說：「充足的光線會從上方的窗戶照進室內，所以放晴時，室內很溫暖。由於瓷磚地板也具備蓄熱作用，所以能源費比想像中來得少。」

由於夫妻倆認為這是一生一次的事，所以提高了對於住宅的要求。現在，兩人已經將想像中的理想住宅化為實體，在微不足道的日常生活中享受這片景色。

透過大膽的開口部位設計
打造出能感受風和光的廚房

右上／讓浴室連接露臺，並透過大窗戶來通風與採光。「一邊吹著柔和的晚風，觀看樹葉隨風搖曳的模樣，一邊泡澡，真的能夠放鬆心情。」

左上／黑色外牆與圍繞建築物的橫向長窗是夫妻倆所堅持的重點。「到了晚上，黑色外牆會融入黑暗之中，把燈打開後，窗戶看起來有如浮在空中，非常美麗。」

右／在開放式客廳內設置「BALS」的沙發，提昇舒適感。在挑選FLOS的照明設備等室內裝潢時，也很講究。上方是寢室（左）與陽台（右）。

使用柚木製成的牆壁是結構柱。用來當成與樓梯之間的隔間牆與收納空間。由於從外面可以看到連接2樓與3樓的樓梯，所以採用輕巧的美觀設計。

KITCHEN DATA

SPACE

廚房所在樓層的面積：57.30m²
廚房空間的面積：57.30m²
※將整個2樓當成開放式廚房，透過開放式樓梯來做整體的運用。

MATERIAL

地板：瓷磚300×300「infinity」（東京組公司的原創風格）
牆壁：jolypate塗料與塑膠壁紙（淺灰色＋白色）
天花板：塑膠壁紙（淺灰色＋白色）
檯面（以及前面板）：不鏽鋼，震動研磨加工（亂紋加工）
水槽：不鏽鋼
廚房櫃門材質：美耐板
IH調理爐：三菱「CS-KMG-38EB」
洗碗機：Panasonic「NP-P45R2PSYJ」
抽油煙機：Haats 不鏽鋼H.L「IMH-90SJP」
廚房製作：YAJIMA公司
（使用震動研磨工法製作而成的不銹鋼開放式廚房）

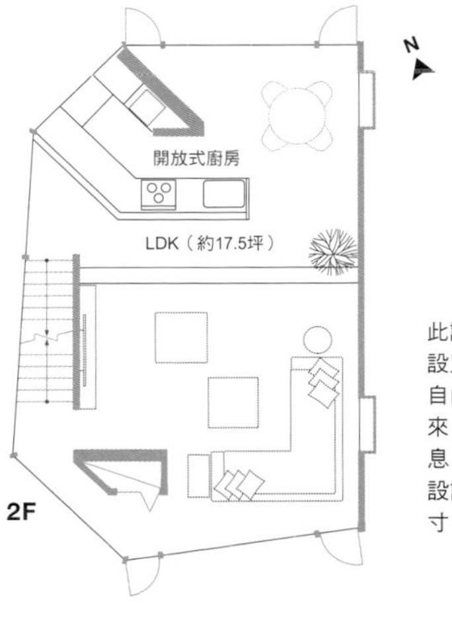

此設計方案為，整個樓層都設置腰壁與腰高窗，藉此將自由風格的開放式廚房圍起來。為了不呈現出生活氣息，結構柱的尺寸也有經過設計，採用能擺放冰箱的尺寸。

CASE 10.

宛如山中小屋般的戶外型簡約廚房

宛如一個埋藏在山野樹林裡的水泥箱。
裡面有個朝向天空敞開的露臺。
還有一個連接露臺的方形廚房。

攝影：木寺紀雄　撰文：本間美紀

鋼筋混凝土結構的獨棟住宅
一個人住
栃木縣・天沼邸
設計：上原 和／上原和建築研究所

這是一棟擁有開放式露臺的簡約箱型建築。蓋了這種房子的天沼郁子很喜愛戶外活動，而且是個會在冬天爬山的戶外派。她所購買的建地位於郊外，很有山野氣氛，坡度平緩，綠意盎然，甚至還有小河流過。這間宛如被這片土地環抱的房子，能夠讓人感受到人與自然環境的關係，並在不知不覺中被稱作山中小屋。興建這棟住宅時，天沼女士向建築師上原和提出了兩個主要的要求——具有開放感的空間，以及能讓大家一起使用的場所。

在房間格局方面，透過客廳、音樂廳、廚房來將中央露臺這個方形空間包圍起來。像是承襲了這棟住宅的風格似的，廚房的尺寸為1600×1400mm，形狀也很接近正方形。依照整棟住宅的房間格局來分配通道的空間，剩下的最大空間則用來當作廚房的工作區域。這個島型廚房很寬敞，周圍可以容納很多人。據說，平日因為工作而較晚回家時，有時也會站在廚房內一邊做菜一邊吃晚餐。在那種情況下，寬敞的檯面就會用來代替餐桌。

到了週末，她會邀請朋友來作客，盡情享用料理。在這裡可以製作的，與其說是裝模作樣的料理，倒不如說是很有氣勢的料理，舉例來說，像是連高湯都自己熬的手工拉麵、連麵團都自己做的披薩等。這類料理都是在沒有多餘裝飾的全不鏽鋼廚房完成。比起華麗的裝飾，她更加喜愛舒適的實用性與物品的單純本質。這種設計也體現出她的人品。

右／由於面向中庭的拉門可以完全打開，所以廚房可以透過露臺來連接客廳與飯廳。天沼女士說：「露臺位於日照最充足的位置，就算冬天也很溫暖。」

左／從飯廳觀看廚房。各個起居室之間沒有用門來區隔，而是採用讓人覺得空間是相連的設計。據說，略有寒意時，她會掛上紡織品來區隔空間，享受自己所打造的風格。

檯面是5mm厚的不銹鋼，其下方的櫃腳則採用25mm的方形材料，空間給人很清爽的感覺。據說，由於是開放式的收納櫃，所以就算和朋友們一起做菜，什麼東西放在何處也都一目瞭然，很方便。

天氣晴朗的日子，就去戶外吧！
夥伴們齊聚的戶外式客廳

位於後方的是天沼女士手工製作的架子。她找到了復古風格的板材，並運用水泥牆面的螺栓來支撐板材。位於前方的，則是當初設計時就預定要裝設的開放式置物架。

KITCHEN DATA

SPACE
廚房所在樓層的面積：87.93m²
廚房空間的面積：10.93m²

MATERIAL
地板：用灰匙把砂漿抹平
牆壁、天花板：清水混凝土工法
檯面：304t不鏽鋼板（5mm厚），髮絲紋加工
下方的置物架：鋼板網「SUS304t」（2mm厚）
牆面收納區：阿拉斯加扁柏（t=27mm），
護木油加工法
IH調理爐：Panasonic「KZ-JT60MS」
抽油煙機：sanwa company「KT06621」
水龍頭設備：TOYO KITCHEN「S-3」
淨水器：TOYO KITCHEN「S-17」
廚房製作：imajo design 今城敏明

確保廚房四周有足以讓人站立的空間後，再決定廚房的大小。適合讓大家聚在一起做菜。水槽與加熱設備是面對面的，這種設計的重點在於讓動線不要重疊。

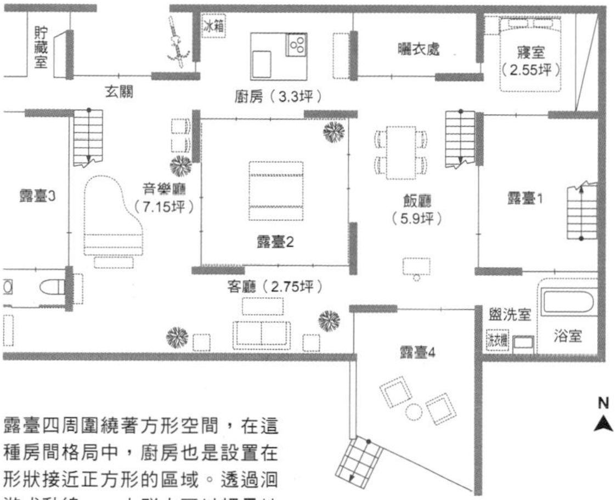

露臺四周圍繞著方形空間，在這種房間格局中，廚房也是設置在形狀接近正方形的區域。透過洄游式動線，一大群人可以輕易地將廚房圍起來。也可以待在朝著庭院方向延伸的露臺。

屋內有鋼琴室、廚房、飯廳、客廳，從房間格局來看，這些空間宛如將開放式露臺包圍起來。與朋友聚會時，也可以一邊欣賞鋼琴或大提琴等音樂的演奏，一邊用餐。

牆面採用清水混凝土，這種冷漠的室內裝潢也能呈現出很酷的時尚風格。建築師上原說：「像是將蓋房子的過程直接保留下來似的，這種工業風格與住戶的個性很搭。」

廚房位於細長的「巷弄空間」之中。深色系室內裝潢使用的是胡桃木。牆壁採用杉木板，並塗上了護木油。

有效利用庭院空間的細長型廚房

這棟能讓人感受到寧靜的「町家」風格的住宅內，有個與建築物形狀呼應，且風格獨特的廚房。

攝影：橋本裕貴　撰文：森 聖加

11

2層樓的木造獨棟住宅
夫婦＋2個孩子
神奈川縣．我妻邸
設計：岸本和彥／acaa

我妻家廚房的最大特色，是細長的島型廚房櫃。餐桌與廚房相連，其造型是依照建築物的形狀來打造的。

建築師岸本和彥根據「町家」（註：一種古代的住宅形式，多見於商人之家）這個關鍵字，打造出一個會讓人聯想到「巷弄」的空間。藉由讓建築物呈現「く字形」的彎曲，讓巷弄空間看起來顯得更長，並透過在視線前方設置一個若隱若現的場所，來呈現縱深感。在此空間的中央打造一個形狀獨特的廚房。

位於2樓的廚房連接了被稱為「中央室」的飯廳，以及一家團聚之處「南室」。藉由將廚房與飯廳之間做成彎曲的，來讓人覺得此處是兩個空間的交界，以劃分區域，但實際上空間仍是保持相連的。家電沒有收進櫃門內，而是放在背後的櫃檯下方的開放式收納空間。在調理爐周圍設置鐵條來當作擋板，若無其事地將通道與廚房區隔開來。

從正面可以看到庭院內的楓樹，那顆楓樹也蘊藏著建築師「希望在做菜時，內心也能過得很充實」的這種想法，使此處成為了能讓家人團聚，且又充滿趣味的場所。

「南室」是客廳般的空間，比廚房高出約80cm，透過視線的差異來區隔空間。地板採用下挖式設計。

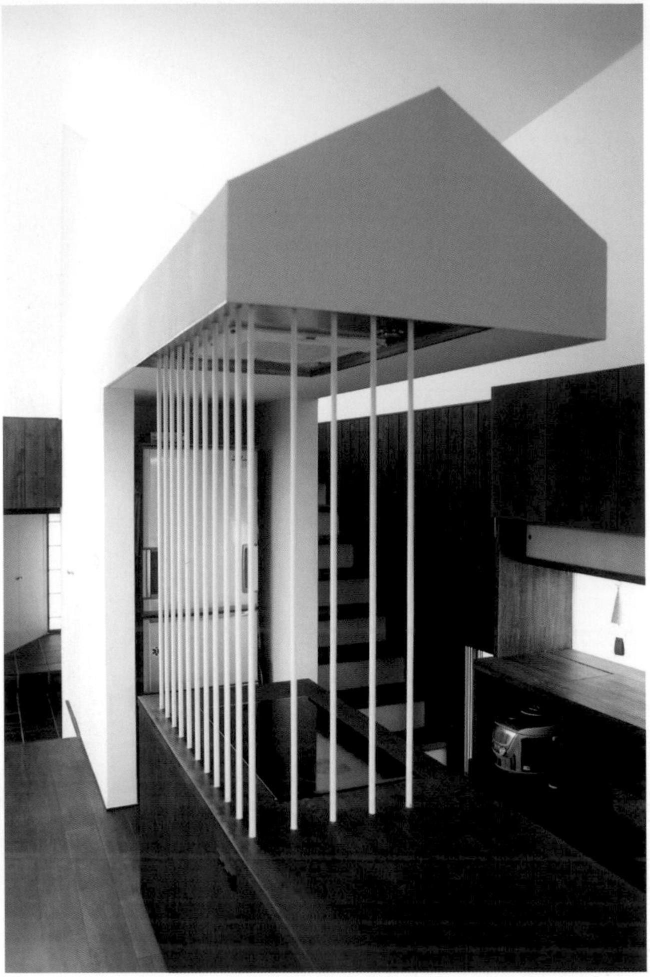

換氣扇與排煙管都收納在山形抽油煙機內。在能夠維持空間寬敞度，且不影響使用便利性的情況下，消除機器設備的痕跡。

宛如美好的傳統「町家」十分和諧寧靜的場所

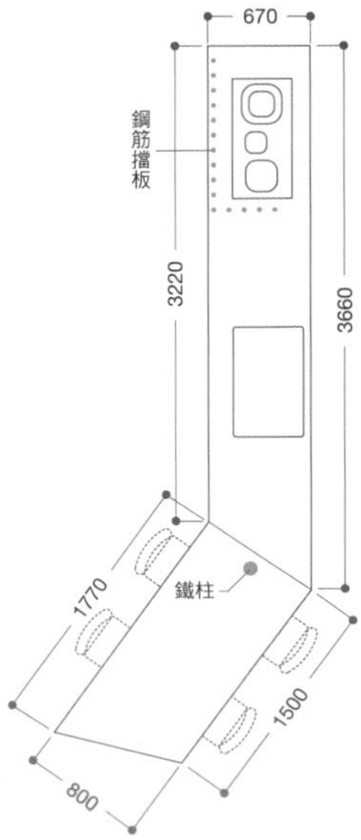

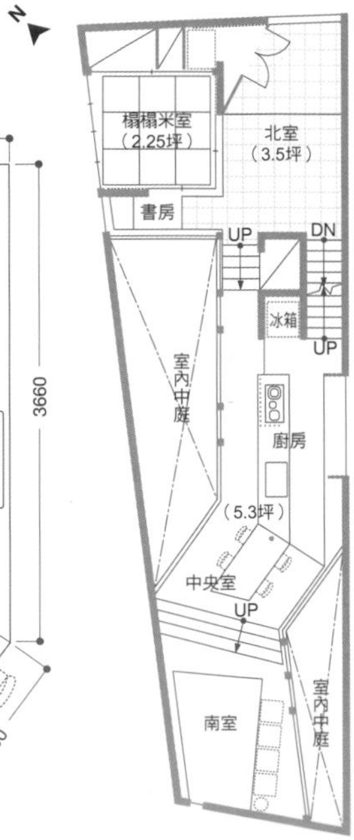

由於廚房長度達到3660mm，所以夫妻倆可以舒適地做菜。廚房與牆面收納空間之間的距離也夠寬，在料理動線上，不會發生人擠在一塊的情況。北室與榻榻米室之間的高度相差半個樓層。由於2樓的所有房間都面向庭院，所以採光十分良好。

KITCHEN DATA

SPACE

廚房所在樓層的面積：61.37m²
廚房空間的面積：12.7m²

MATERIAL

地板：鋪設胡桃木地板
牆壁、天花板：使用乳膠漆（EP）塗料
檯面：榆木拼接板，用護木油擦亮
廚房櫃門材質：椴木膠合板，護木油加工
抽油煙機：訂製品
IH調理爐：Teka「IR-831」
洗碗機：Panasonic「NP-45MD5W」
混合水龍頭：INAX「JF-1450SX(JW)」
廚房製作：TANABE製作所
照明設備：飯廳的可動式照明設備是acaa的原創產品

讓廚房的地板比飯廳低約13cm，使廚房櫃檯與餐桌變得一樣高。

透過廚房來思考
便於使用的房間格局

現在，從廚房來思考房間格局的人正在增加。
效率高的家事動線、方便一起做菜的設計……
介紹5個能讓總是很忙碌的日常變得充實的設計方案。

撰文：松林HIROMI

PLAN 1

可以一邊眺望天空一邊做菜
重視景致的奢華方案

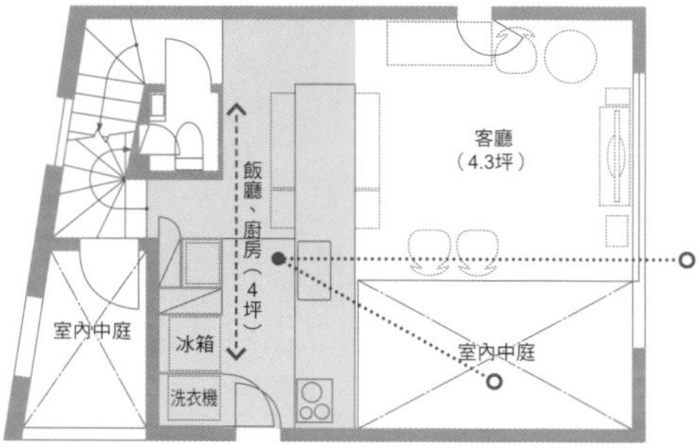

動線 <------>

採用讓檯面與餐桌融為一體的1列型廚房，動線設計得很聰明。

視野的開放程度 ●……○

透過設置在中庭與客廳的固定窗，無論站在廚房何處，視野都很開闊。

廚房的對面是四周圍繞著玻璃的中庭，可以獲得舒適的光線與景致。透過玻璃，視野變得很開闊，甚至可以看到位於對角線上的客廳，即使位於該樓層較深處的位置，還是能夠帶著悠然自得的心情來做菜。裝設在客廳內的固定窗也是一項用來獲得開放感的設計重點。能夠宛如畫框般地擷取景色，讓人欣賞天空的變化。另外，由於一整天下來，站在廚房內的時間很長，所以設計師在廚房櫃檯的背後設置了洗衣機放置處，將烹調場所與洗衣場所聚集在一起。用來連接上下樓層的樓梯與具備收納等作用的後院也集中設置在一起，確保LDK有寬敞舒適的空間，能讓一家人輕鬆地休息。

整潔的不鏽鋼廚房的正對面是宛如展示櫃般的中庭。客廳是面向道路的，也能透過客廳北側的窗戶來採光。

攝影：永野佳代

DATA
廚房所在樓層的面積：34m²（約10.5坪）
廚房空間的面積：4.4m²（約1.5坪）
設計：都留理子／都留理子建築設計工作室

攝影：中村 繪

PLAN 2

以箱型設計包圍空間，能夠專心做料理
藉由細長窗來連接飯廳

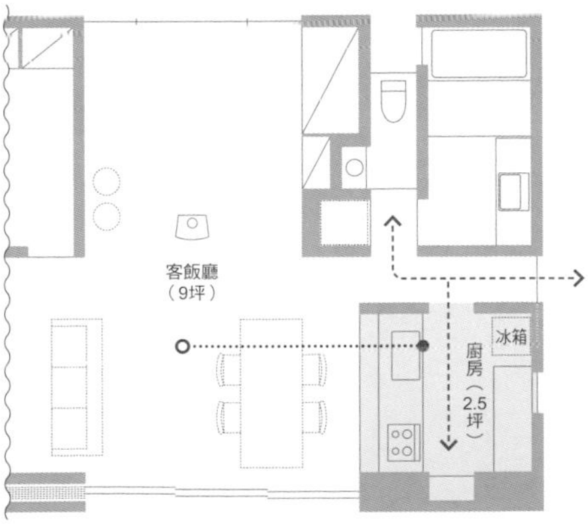

動線 <------>

將倒垃圾、烹調、洗衣等家事動線彙整在小空間內，打造出易於生活的房間格局。

視野的開放程度 ●……○

雖然是半獨立式的廚房，但還是能夠透過細長窗來觀看飯廳與庭院的情況。

DATA

廚房所在樓層的面積：91.09m²（約27.5坪）
廚房空間的面積：8.69m²（約2.5坪）
設計：川本敦史＋川本MAYUMI／mA-style architects

在住宅中，以廚房為首，將衛浴間、寢室等功能性空間設計成箱子狀，然後將寬敞舒適的客廳與飯廳設置在箱與箱之間。在此設計方案中，藉由將容易呈現生活氣息的場所整個隱藏起來，待在休息場所時，就能盡情地感受陽光、清風、寬闊的視野。透過在廚房內設置細長窗，來確保廚房與飯廳之間的連結。只要將面向庭院的大窗戶打開來，就能感受到出色的開放感，這項設計也是其魅力所在。另一項能夠提昇使用便利性的重點，則是基於「通往用水處與廚房後門的家事動線」等考量，將廚房與盥洗室集中設置在建築物北側。

走出這個將廚房圍起來的箱型區域後，立刻就會看到廚房後門，在倒垃圾等情況時就會發揮作用。左手邊的箱型區域則是浴室，烹調與洗衣的動線很流暢。

PLAN 3

足以容納兩人的寬敞寬度 以及流暢的家事動線

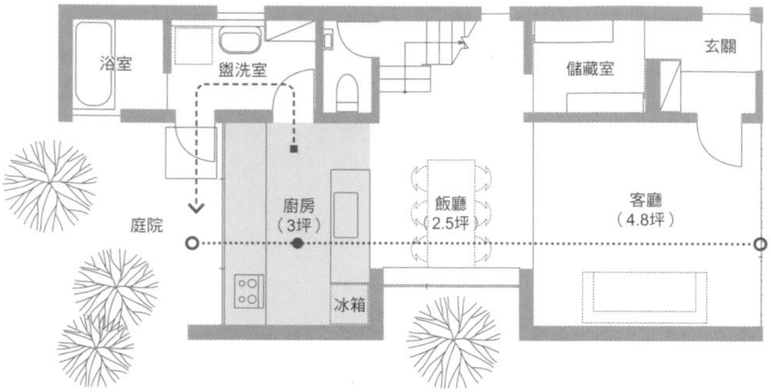

以料理為興趣的夫妻倆想要有個能容納兩人的便利廚房。他們選擇了容易分配洗菜、煮菜等工作的場所，而且移動距離又短的2列型廚房。通道的寬度很寬敞，即使走過身旁，也不會撞在一塊。另外，也將盥洗室設置在旁邊，以縮短家事動線。烹調、洗衣、曬衣工作都能順利進行。不僅從廚房內能看到庭院的景色，從浴室內也看得到，讓人可以一邊眺望樹木，一邊生活。

動線 <------>

將家事動線集中在北側。烹調、洗衣、曬衣工作都能在這裡處理好，提昇了功能性。

視野的開放程度 ●……○

在南北兩側設置庭院，讓人能夠在充滿開放感的空間內做菜與用餐。

DATA

廚房所在樓層的面積：62.81m²（19坪）
廚房空間的面積：10.37m²（約3.15坪）
設計：今城敏明＋今城由紀子／今城設計事務所
室內裝潢：the house

2列型的廚房採用通道寬度達120cm的寬敞尺寸，能讓兩人一起享受烹調樂趣。

攝影：新澤一平

PLAN 4

拉開廚房與客廳之間的距離
將家事區與休息區分開

屋主說：「興趣是在假日悠閒地觀賞電影。」在設計這個家的廚房時，刻意將廚房與客廳之間的距離拉開。透過飯廳，將房間格局設置成「L字形」，藉此就能將廚房與重視舒適感的客廳分開，讓生活空間呈現明顯差異。親子也會一起做菜。藉由將島型廚房設置在空間中央，就能打造出「能夠觀賞前後的庭院景色，而且可以很方便地幫忙烹調工作」這種風格。

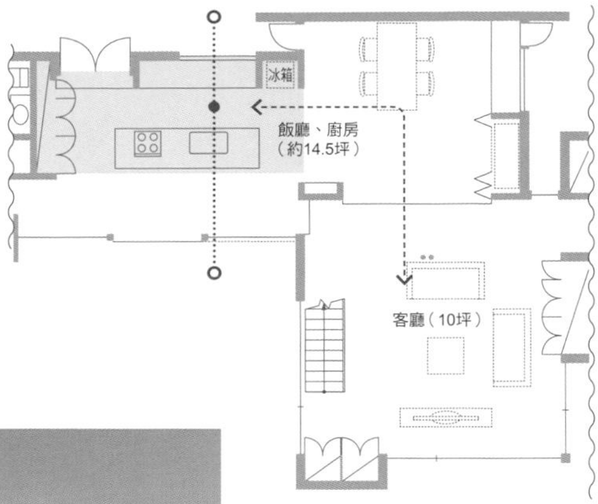

攝影：多田昌弘

動線 ←-----→

雖然LDK是相連的空間，但廚房與客廳之間的距離較大，可以將家事區與休息區分開來。

視野的開放程度 ●……○

由於在廚房內可以看到庭院，所以每天都能毫無壓力地做家事。

DATA

廚房所在樓層的面積：123.19m²（約37.5坪）

廚房空間的面積：24m²（約7.5坪）

設計：堀內 雪／Studio CY

PLAN 5

能讓許多人一起享受
料理樂趣的洄游型廚房

配合屋主經常會舉辦家庭派對的生活型態，選擇了大尺寸的島型廚房。設計上，將廚房設置在LDK中央，從哪個方向都能輕易地進入廚房。廚房內設置了寬敞的工作臺，平常的料理當然不用說，許多人一起做菜時，也能發揮很大的作用。為了可以在客廳製作酒精飲料，除了主要水槽以外，還設置了一個內建淨水器的派對用水槽。

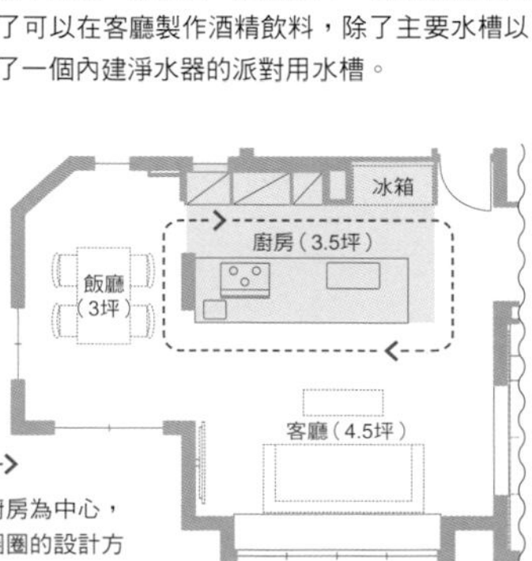

動線 ←-----→

能夠以島型廚房為中心，在廚房內繞圈圈的設計方案。可以讓許多人一起享受料理樂趣。

攝影：桝本由揮

DATA

廚房所在樓層的面積：95m²（約29坪）

廚房空間的面積：10m²（3坪）

設計：PACIFIC FURNITURE SERVICE

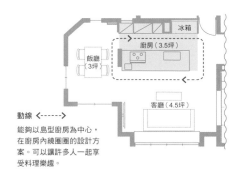

How To Comfortable Kitchen

PART 01

一開始要先瞭解關於廚房設計的基礎知識

廚房設計方案要如何構思才好呢？
以下解說注意事項與基礎知識。

撰文：本間美紀　插圖：江口修平

最初所想到的廚房設計方案是最好的

在以前，廚房是決定房間格局與建築計畫後，最後再嵌進一定寬度之中的「設備」。在設計與尺寸上，也是由廠商事先設定好大致上的方案，像是1列型、L型、2列型、面對面式廚房等，再讓客戶從中挑選。然而，現在的客戶對於廚房的要求變得多樣化，只靠市售成品是無法滿足某些客戶的。

像是想要打造成與客廳融為一體的開放式風格、想要連接食品儲藏櫃、想要裝設可以擺放喜愛的器皿與烹調器具的架子……等要求。在設計整個家的房間格局時，也要考慮到這類要求，才能完成最合適的設計方案。

採用訂製廚房時，如果能盡早決定要挑選的商品，預算與交屋期也會比較容易調整，所以我建議大家在最初的商討會議中，就要先討論這一點。如果是「住宅設計由建築師負責，只有廚房部分委託其他公司」這種情況的話，更要盡早討論。

有哪些公司在生產廚房設備呢？

廚房大致上可以分成，大企業的國產廚房、國產的自訂型廚房、從國外進口的廚房，以及下訂後才開始製作的訂製廚房。日本大型企業的廚房以LIXIL旗下的sunwave、Cleanup、Panasonic、TOTO、永大產業等為代表。

許多住宅建商都有經營國產系統廚房的業務，而且大部分的公司都擁有很充實的展示中心，所以能夠事先確認成品的具體模樣。在流理臺便利性、收納空間、保養等功能方面，各公司可以說都具備世界頂尖的水準。套裝方案等也很豐富，客戶也能挑選比較划算的商品。不過，依照不同的商品系列，有些商品會採用餐桌型，或是比較重視設計感，在家具呈現力、自由度方面，有時會受到限制。

令人嚮往的進口廚房

在日本買得到的進口廚房多半都是德國、義大利品牌。其特色為家具般的設計能力，像是廚房櫃門的美感、餐桌風格的檯面等。尤其是櫃門的設計與顏色，充分地發揮了歐式風格，帶有細微差異的色調與現代風格的木紋運用等，讓人覺得最適合用來搭配室內裝潢。

代表性的品牌，包含了Euromobil（義大利）、poggenpohl、Zeyko（德國）等。瓦斯爐與洗碗機等設備，則可以挑選國內的產品，使用便利性是日本產品的優點，在設計上，則挑選國外的美觀產品……透過這種組合方式來取得平衡。要注意的部分是交屋期，從制定設計方案到交貨，最好要預估3～4個月。畢竟大家都想要早點決定廚房的樣式。

集合各項優點的自訂型廚房

各公司都有推出重視設計性的原創系列，顧客能夠以此為基礎，打造出自由度很高的廚房。許多住宅建商有提供相關服務，種類也很齊全，而且與建築師所設計的獨特住宅的地板、牆壁、天花板也很搭。

事先確認成品的外觀，也可以依照要求來搭配使用特別訂製的部分。同時具備量產廚房與訂製廚房的優點，正是自訂型廚房的最大魅力。代表性的品牌包含了，kitchen-house、CUCINA、TOYO KITCHEN&LIVING（註：現在公司名已變更為TOYO KITCHEN STYLE）。

如果想要全都採用原創的個性化產品的話，選擇後述的訂製廚房應該會比較好吧。

令人在意的訂製廚房

如同其名，訂製廚房指的是「下訂後，從頭開始製作」的廚房。舉例來說，像是「想要製作營業用風格的超簡約不鏽鋼廚房」、「檯面想要採用瓷磚」、「想要讓餐桌、客廳展示架、長椅都呈現一致性」等……。

既然是訂製廚房，負責人首先就會依照顧客的要求來構思建材的搭配。因此，目錄中也沒有固定的系列產品。另一方面，提出委託的顧客也必須先弄清楚自己的家人想要什麼樣的廚房。

舉例來說，即使是新屋或整修住宅，在打造廚房時，也能夠避開建地形狀、梁柱之類的不利條件，並充分地利用空間。另外，廚房的設計方式也很自由，有的設計方案會透過廚房來區隔其他房間，或是在變形的房間格局中，將收納空間設置在出乎意料之處……在與負責人討論的過程中，有時也會產生意想不到的點子。請事先在自己的腦海中整理好「想要什麼樣的廚房、又想要如何使用」的要求，然後再好好地傳達給設計師吧。

另外，訂製廚房也包含了鄉村風、現代風、使用不鏽鋼的鮮明設計等風格與特色，而且各公司擅長的領域也各不相同，所以請先試著查詢各公司的資料吧。由於沒有固定的商品，所以在和設計師討論時，最好將實例照片、示意圖等資料拿給對方看。

PART 02

便於使用的好廚房
重點在於這個數字！

為了打造舒適的廚房，首先來驗證這些應先瞭解的數字吧！
號稱「廚房專家」的和田浩一先生至今已參與過400個廚房的製作。
我們向他詢問了廚房製作的重點。

監修：和田浩一（STUDIO KAZ） 撰文：森 聖加 插畫：加納德博

◎首先來檢驗自己的生活型態吧

Q1. 下廚頻率多高呢？

根據「一天會下廚幾次」、「一週內有幾天會下廚」，站在廚房內的頻率也會有所改變。另外，有的家庭每天都會開火，有的家庭下廚的日子則集中在週六、週日。「如果下廚頻率不高的話，也可以做出『不要將多餘的設備與空間分配給廚房，而是分配給其他房間』這種判斷。」請大家好好地重新審視待在廚房內的時間後，再制訂計劃吧。

Q2. 下廚人數有幾人？

關於下廚人數，我希望大家可以透過兩種觀點來檢驗。第一種觀點為，有幾個人會同時站在廚房內？「是夫妻倆還是親子呢？依照不同的組合，在設計通道寬度與水槽尺寸時，也會產生差異。」和田先生如是說。第二種觀點為，家裡有幾個人會下廚呢？最好依照最常下廚者的身材來設計廚房的尺寸。

Q3. 用餐人數有幾人？

用餐人數會對餐桌、洗碗機、冰箱的尺寸產生影響。和田先生說：「尤其是冰箱，會佔據很多廚房空間，所以冰箱的大小會影響設計方案。」另外，購物頻率也是重點。是雙薪家庭嗎？妻子是全職主婦嗎？食物的保存量與保存方法為何？這些也都會影響設計方案。

B 吊櫃的深度

重點在於烹調者的身高以及取物便利性。為了確保容量而使縱深過長的話，取放物品就會變得不便。「由於主要的收納物品是砂鍋、多層式便當盒等季節性物品，所以會以能夠收納這些物品的深度375～400mm來當作基準。同時考慮到高度與寬度去設計的話，就能一邊維持容易使用的深度，一邊確保必要的收納空間。」

375 ～ 400mm

A 工作動線的長度 水槽—調理設備—冰箱

為了想出高效率的工作動線，我們首先要掌握「廚房工作金三角」。將水槽、調理爐、冰箱正面的中心當作頂點，畫出三角形，三角形的各邊就會成為工作動線。動線愈長，愈容易感到疲倦，動線要是太短的話，工作與收納空間就會不足。「總長度會成為工作便利性的基準，控制在3600～6000mm是最理想的。」

3600 ～ 6000mm

C 作業區的通道寬度

通道寬度會取決於同時進行作業的人數與冰箱的位置。「在設計通道寬度時，如果作業人數為1人的話，750mm就夠了。」不過，即使只有一人站在調理區內，但在烹調期間，家人可能會使用冰箱，所以還是會發生擦身而過的情況。「當冰箱只能設置在廚房深處時，必須設置寬度達900mm以上的通道，讓人可以通過烹調者身後。」

只會站1人的話

750 mm

會站2人以上的話

900 mm 以上

D 抽油煙機的高度

為了防止油煙擴散，抽油煙機的吸煙口要盡量靠近調理爐。不過，考慮到實際上的使用便利性，抽油煙機的下端位於比烹調者稍微高一點的地方，是最理想的。另外，當抽油煙機的深度比檯面來得淺時，抽油煙機的高度就算跟烹調者的身高一樣，或是稍微低一點，也沒關係。高度一旦過高，反而會導致油煙擴散，容易使清潔工作變得困難。

當檯面高度為800～900mm時，抽油煙機要距離地面

1700 ～ 1750 mm

E 水槽的深度與寬度

深度太淺的話，水花容易濺出來，由於直筒鍋可能會碰到水龍頭的出水口，所以和田先生說：「在設計時，基本上會採用200mm的深度。」在寬度方面，由於採用嵌入式洗碗機的家庭增加了，所以有的人認為不需要大水槽，水槽尺寸有變小的傾向。因此，寬度的基準約為700mm。有些比較窄的水槽，寬度甚至不到600mm。

深度

200 mm

寬度

700 mm

F 檯面的高度

在設計時，會將「身高÷2＋5cm」這個算式當作一項基準，然後再依照使用者的體格、是否有穿拖鞋等要素來進行調整。有許多人會將850mm當作基準，或是再稍微高一點。另外，最好也要考慮到調理爐的種類。使用IH調理爐時，由於檯面是平坦的，所以沒有問題，採用瓦斯爐時，爐架的高度也必須納入考量。

身高÷2+5 cm

H 烹調空間的寬度

「寬度最好在600mm左右，要是低於這個數字，就會沒有足夠空間來放置砧板，使用起來也會變得不方便。」另外，當烹調的難度比較高時，像是為了切魚而使用較大的砧板等等，空間的寬度最好要在700mm以上。再者，想要將嵌入式洗碗機設置在烹調空間下方時，也要注意此部分的寬度。進口洗碗機的寬度以600mm為主流（也有450mm的機種），日本國產機種的主流則是450mm。

600 mm

G 水龍頭的位置

「水龍頭的種類很多，有握把設置在水龍頭上方且向前延伸的類型，也有採用棒狀開關，將開關設置在側面的類型。水龍頭如果距離檯面前端過遠，就會變得不易操作，所以要特別注意。在設計時，將水龍頭位置設在距離檯面前端535～565mm處是最理想的。」另外，也要檢查出水口的高度。高度要設計成不會與鍋子產生碰撞。

距離檯面前端

535 ～ 565 mm

PART 03

嵌入式設備的基礎知識

在挑選廚房的設備時，您是否只考慮到該項設備呢？
若能先考量收納空間與料理動線後再去挑選，廚房就會變得更方便！
以下會解說基礎知識與其重點。

撰文：本間美紀　插圖：叶 雅生

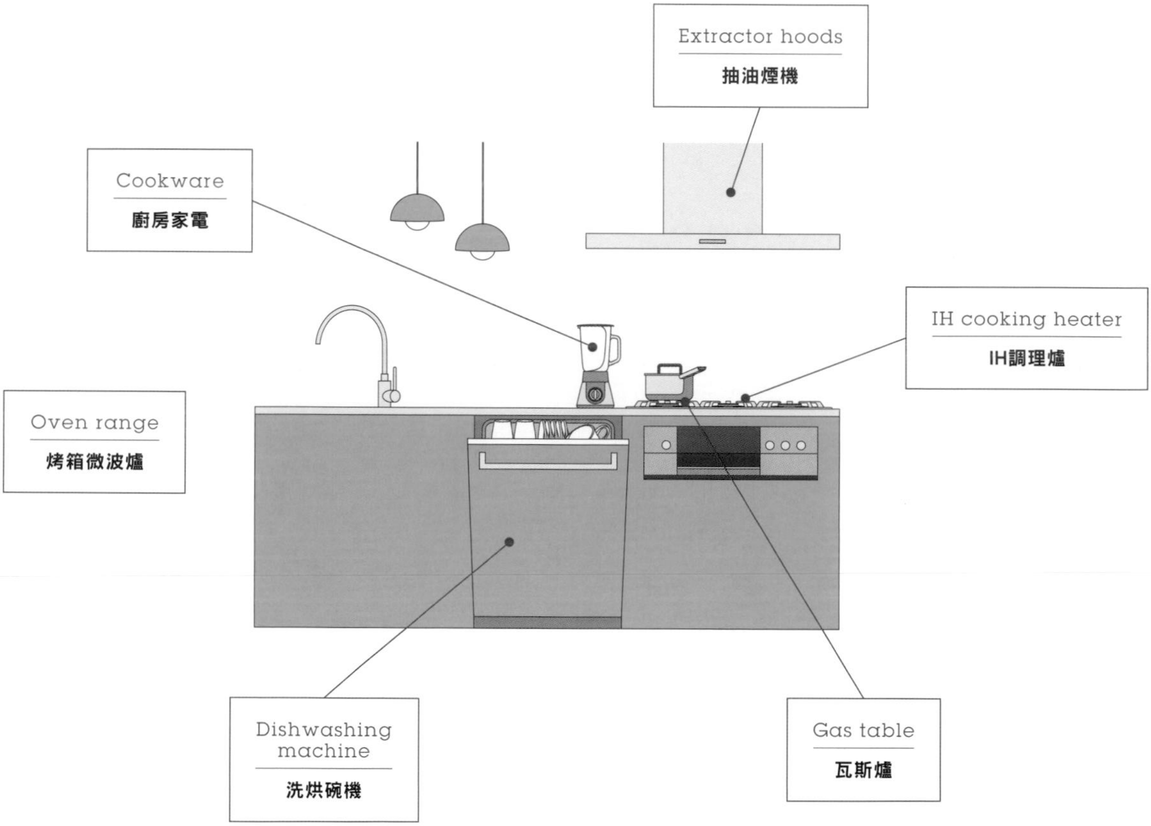

現代廚房的主流是嵌入式設備

現在，廚房內所使用的設備，性能已高得驚人。在設計廚房時，如果能夠事先將這類擁有最新功能的設備納入計畫中，工作效率就會一口氣提昇。即使一開始多少要花費一些預算，但大家還是想要追求一個「在之後的生活中，能夠省去不必要工夫」的廚房。

這種觀點的強力後盾，就是能夠「嵌入」廚房櫃之中的設備。與桌上型家電不同，由於會事先在設計圖中規劃，然後在施工時將設備嵌入廚房的收納空間中，所以廚房看起來很平整，收納空間變得寬敞，家事動線也會一口氣改善。代表性的嵌入式家電，包含了瓦斯爐、IH調理爐、設置在牆面或櫃檯下方的烤箱、洗烘碗機等。雖說都是嵌入式設備，但國內外有很多不同廠商，產品也各自具備各種豐富功能。在這裡，將介紹先進的嵌入式設備資訊。

最好先了解的嵌入式設備資訊

加熱設備的保養工作變得非常輕鬆

說到易於保養的話，採用檯面很平坦的IH調理爐時只需擦拭即可。保養工作輕鬆得沒話說。最近，在燒烤爐方面，也出現了加熱器不會完全外露，而且變得容易清理的最新機種。只要是能吸住磁鐵的鍋子，任何種類皆可。最近，內部使用了碳材料，且可用於IH調理爐的砂鍋與鋁鍋也正在增加中。另外，也有採用「all metal」技術，能夠應付所有金屬鍋的IH調理爐。爐數分成1～4爐，可以依照正面寬度與設計來挑選，目前市面上也有將調理爐橫向排成一列的機種。

另一方面，瓦斯爐的易保養性也有很大的進步。爐架變得較小較細，可以輕易地拿起，讓人能夠迅速清理。在檯面方面，強化玻璃面板成為主流，兼具美觀與強度。市面上也出現了能夠迅速散熱，且不易汙損的機種。與以前相比，現在的瓦斯爐進化了非常多。

有了先進的瓦斯爐、IH調理爐會變得不再需要某些家電？

試著來關注加熱設備的進化吧。無論是IH調理爐還是瓦斯爐，都可以透過計時器來指定烹調時間，還能設定烤魚等料理模式，在烹調時，即使手邊很忙碌，還是能夠關火或調整火力。

另外，燒烤爐的進化也很驚人，大部分的高階機種都具備小烤箱等級的功能。藉由使用專用的調理器具，也能當成荷蘭鍋來使用，所以燉煮料理與烤牛肉等當然不用說，也能烤出很道地的鬆軟麵包或蛋糕。藉由使用燒烤爐專用的烤盤，也能將炸物重新加熱，或是製作非油炸料理。能夠處理各種料理的機種正不斷增加。再者，如果能使用鍋子來煮飯（有些機種也增加了煮飯模式）的話，就變得不需要電子鍋或電烤箱了，用來收納家電設備的空間就會變得整潔清爽。

能讓料理變得更加美味的烹調家電也有嵌入式機種

喜歡做點心或麵包的人，也可以考慮設置大型的嵌入式烤箱。大多數都是德國等地的進口機種，能夠以270°左右的溫度來加熱，裡面分成三層，可以製作的量也很多。如果購買桌上型大烤箱的話，會產生壓迫感，不過如果事先將設備嵌入廚房內，空間就會很清爽。由於設計也很好看，所以能夠使廚房空間看起來很醒目。

另外，不只是烤箱，其他各種調理設備也有嵌入式機種，像是咖啡機、電蒸爐（steam cooker）等。

不過，這裡所解說的任何一種設備，之後都無法輕易地變更位置。在構思廚房的設計方案時，請先和設計師好好地討論動線上的位置與高度後，再安裝設備。

能夠一口氣洗好餐具的洗碗機變得不可或缺

家中有設置嵌入式洗碗機的人也在增加中。基本原理為，將餐具放入清洗籃內，然後裡面的噴水葉片（噴水手臂）會轉動，從各個角度將熱水噴在餐具上。一般手洗時，頂多只會使用40°～70°的水。由於洗碗機使用的是無法用於手洗的高溫熱水，所以能夠徹底去除油汙。種類可以分成寬度60cm的前開式進口機種，以及寬度45cm的抽屜式日本國產機種，大部分的人都會選擇兩者其中一種。前者適合用來一口氣清洗碗和鍋子，後者則適合頻繁地清洗餐具與器具。雖然也有寬度45cm的進口機種，不過如果空間足夠的話，建議採用60cm的機種。明明用水量和價格沒有太大差異，但容量卻差了相當多。

有了洗碗機，檯面上就不用設置瀝水籃，空間會變得很清爽。可以說洗碗機是開放式廚房的必要設備。

PART 04

要先瞭解的 16個廚房用語

01
廚房櫃門材質

此部分可以說是廚房的關鍵，其花紋與質感會決定整體的印象。材質種類包含了油漆、木材、櫃門外框、玻璃、美耐皿等。櫃門寬度的基本尺寸為60cm。

02
抽油煙機

可以分成一般的壁掛式、宛如插畫般的中島式、隱藏在吊櫃等處之中的嵌入式。雖然很少被注意到，但排煙設計是非常重要的。

03
檯面

指的是用於烹調工作的工作檯。代表性材質為不銹鋼、人工大理石、天然石材，人工水晶、美耐皿等材質也很受歡迎。最近也有人為了運用木材的質感而使用木材當作檯面。

04
廚房的高度

一般高度為「烹調者的身高÷2＋2.5cm」，不過最近也有人喜歡850～900mm的略高廚房。請將所有家庭成員的身高納入考量，選擇一個不會對腰造成負擔的高度吧。

05
開放式置物架

沒有抽屜，也沒有門，這種開放式置物架很有個性。不僅取放物品很方便，也可以擺放喜愛的物品來當作裝飾，為廚房增添趣味。

06
水槽

指的是用水場所。一般的尺寸為，寬度650～850mm、縱深400～500mm、深度150～200mm。也可以在水槽內部設置層架，或是蓋上板子，將水槽當成料理工作檯來使用。

07
鉸鏈門

一般的左右對開式鉸鏈門。與抽屜式相比，成本較低，不過由於內部是空的，所以使用者要下一些工夫。也有人會將廚房櫃門做成鉸鏈門，並在裡面加裝抽屜。

08
水龍頭設備

除了操作桿朝前方突出的一般款式以外，還有宛如一幅插畫般的圓頸造型水龍頭、內建淨水器的水龍頭、感應式水龍頭等，功能愈來愈多種。

09
門把

用來打開櫃門的零件。如果是抽屜式的就是球型，若是鉸鏈門式的也可採用旋鈕型。另外，也有愈來愈多廚房採用無把手設計，或是將握把刻在櫃門上，讓外觀看起來清爽。

10
IH調理爐

透過電磁力來讓鍋子等調理器具發熱，能以很高的熱效率來進行烹調。不會直接接觸到火，而且檯面是平坦的，保養工作也很輕鬆。認為電磁爐火力較弱是人們的誤解，其實產生的熱能跟瓦斯爐差不多。

11
照明設備

進行調理工作時，除了用來照亮整個廚房的環境照明以外，用來照亮手邊區域的局部照明也是必要的。另外，也有人會在吊櫃的底板裝設嵌燈或聚光燈。

12
抽屜式收納

這種廚房收納方式是最近的主流，可以將物品收納在廚房的最深處。也有寬度很長的大型抽屜，以及在櫃門內側再加裝一個抽屜的內套抽屜。

13
嵌入式烤箱

雖然在日本，非嵌入式烤箱是主流，但寬度600mm的進口烤箱可以裝設在調理爐下方或是牆面。透過230～300°的溫度，來同時加熱三層食材，可以開心地製作道地的麵包或點心。

14
廚房的寬度

若是一般的1列型系統，寬度約為2700mm。在思考廚房的寬度時，也要同時考慮到機器設備、收納空間等，並以150mm為單位，將150、300、450、600、750、900等各寬度的部件組合起來。

15
洗碗機

一般來說，洗碗機會裝設在水槽旁邊。不過，設置在「方便整理餐具，或是方便將餐具從餐桌上撤下」的位置，也是意外地合適。種類可以分成前開式與抽屜式。

16
瓦斯爐

現在的主流是小型爐架與強化玻璃檯面，易保養性與功能都有非常大的進步。一般的款式為附有燒烤爐的三口型。某些機種的燒烤爐也能使用荷蘭鍋。

第2章

The Kitchen Shops's Kitchen

與廚具公司一起打造的廚房

N邸的寧靜客飯廳是以米色和白色為基調。此處擺放了一致採用黑色的義大利時尚家具。在簡約恬淡風格的室內裝潢中，帶有美麗木紋的胡桃木廚房為此處增添了舒適的溫馨感。

「這個設置在一整面牆上的收納空間，寬度為422cm。用來突顯這個寬闊跨距的就是胡桃木的木紋。我們對連接處的美感非常講究，要讓木紋宛如自然地橫

在N邸，高度248cm、寬度422cm的牆面收納櫃是室內裝潢的主角。橫向延伸的櫃門木紋突顯出一種悠然自得的寬敞感。帶有墨色的胡桃木的色調，與「B&B ITALIA」的黑色餐桌很搭。

向延伸似的。」說了這些話的是系統廚房公司「CUCINA」的負責人。N姓屋主在展示中心對這個櫃子的美麗木紋一見鍾情。N姓屋主從當初在制定新屋計畫時，就決定要打造一個可以一邊做菜，一邊和家人聊天的全開放式廚房。正因如此，所以他說：「最好採用清爽簡約，而且與客廳搭配起來很協調的設計。」

為了將屋主的要求化為實體，也必須考慮到廚房在空間中的設置方式。首先，在與牆壁、地板、天花板相鄰的部分，省略一般為了將空間圍起來而裝設的收邊條，讓整體的結構工法顯得很簡潔。另外，要將不太想讓人看到的冰箱與烤箱等大型家電，設置在不易從客廳正面看到的側面靠牆處。其他的烹調用家電也全都採用嵌入式設計，裝設在牆面收納櫃內。

N姓屋主說：「做好料理後，只要把櫃子的門關上，整理工作就結束了。帶有木紋的櫃門材質不易產生汙損，所以保養工作比想像中來得輕鬆。」耐看的設計與良好的使用便利性。他們完成了符合「讓人能夠長期愛用」的這項條件，且能持續使用一輩子的廚房。

CASE 12.

有如可使用一輩子的家具般令人愛護的廚房

我們拜訪了N邸，看到宛如高級家具般的廚房。
胡桃木的美麗木紋、簡約樸實的設計——
為單色調的客飯廳增添了溫馨感。

攝影：阿部 健　撰文：木村直子

2層樓的鋼筋混凝土獨棟住宅，地下1層
夫婦＋2個孩子　東京都・N邸
廚房設計：CUCINA
住宅設計：PROSTYLE DESIGN

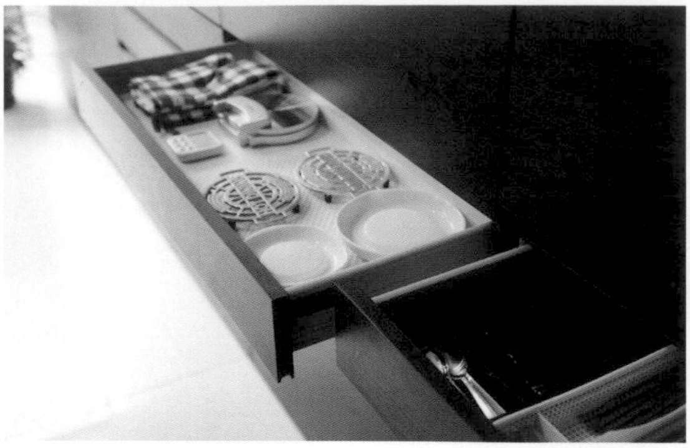

簡單的美感與功能性。
廚房內的美麗木紋
萌生溫暖舒適感

左上／裝設在腰部高度的抽屜可以放置淺盤。奧地利知名公司「Blum」所製造的滑軌在滑動時相當平穩，易碎品也不用擔心。

左下／N姓屋主說：「希望能盡量讓表面沒有凹凸起伏，看起來很清爽。」於是依照屋主的想法，採用IH調理爐。與經過消光處理的不銹鋼檯面也很搭。

右上／牆面收納櫃的中央區域放置的是日常使用的餐具。櫃門採用上翻式金屬零件，打開時也不會造成阻礙。

左中／將島型廚房櫃的腳邊部分抬高，營造飄浮感。設置在櫃門下方的照明會將腳邊照亮，呈現出戲劇般的效果。

KITCHEN DATA

SPACE
廚房所在樓層的面積：90.9m^2
廚房空間的面積：14.2m^2

MATERIAL
廚房
地板：磁磚
牆壁：磁磚
天花板：塗上丙烯酸乳膠漆（AEP）
檯面、水槽：不鏽鋼，亂紋加工
廚房櫃門材質：胡桃木薄板
IH調理爐、洗烘碗機：Panasonic
抽油煙機：ARIAFINA
混合水龍頭設備（內建淨水器的單把手型）：三菱Rayon
冰箱、葡萄酒櫃：GE
廚房製作：CUCINA

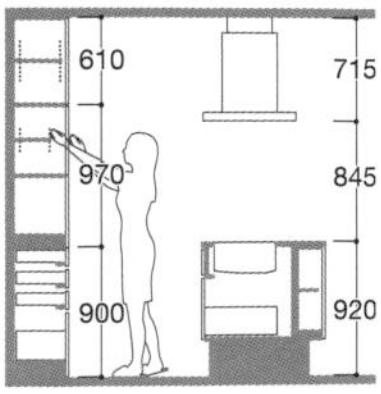

在腰部以下的牆面收納櫃採用抽屜式，高於腰部的收納櫃則用來放置家電，採用讓櫃門倒向前方的前翻式櫃門。位於頭部高度的櫃門則採用上翻式櫃門。透過各種設計來減少身體的負擔。

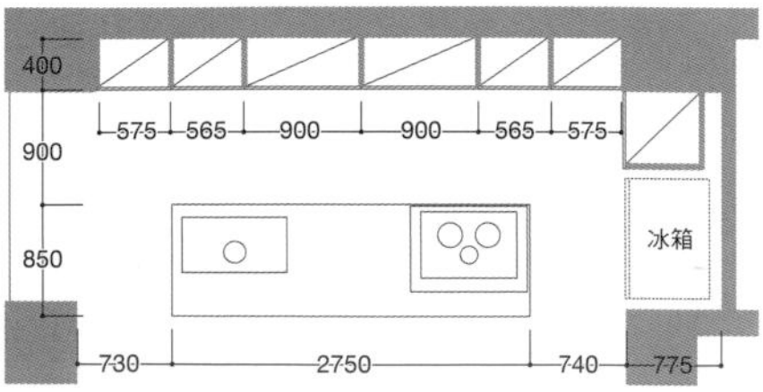

將寬敞的牆面收納櫃設置在從客廳最容易看見的位置。確保了收納著烹飪用家電的櫃門即使敞開，依舊能進行作業，櫃子與島型廚房之間的距離為較寬的90cm。這種設計兼具美觀與功能性。

將大型家電設置在從L型客廳不易看到的位置。將葡萄酒櫃設置在百葉門的內側。牆面收納櫃放了餐具與烹調用家電，島型廚房櫃內則放了垃圾桶、烹調器具、洗碗機。

胡桃木廚房與這個充滿素材質感的空間很搭。灰漿牆的色調是在施工現場一邊調一邊決定的，並保留了灰匙的粉刷痕跡。地板採用黑色磁磚，據說磁磚顏色是等到其他室內裝潢工程結束後，才將磁磚放在地板上比較，並做出決定。

CASE 13.

連接客廳與露臺的通風廚房

忙碌的夫妻倆都從事媒體業。他們所追求的，是一個容易維持美觀，且能成為生活重心的場所。一家人能夠帶著開朗心情來使用的時尚廚房。

攝影：永禮 賢　撰文：宮崎博子

2層樓的木造獨棟住宅
夫婦＋1個孩子　東京都・W邸
住宅設計：若松 均／
若松均建築設計事務所
廚房製作：LIVING PRODUCTS

在這個擁有斜面天花板的空間內，可以藉由調整光線來改變氣氛。W邸的廚房位於3樓，與景致很棒的陽台相連。即使融入了建築物之中，這個廚房依舊十分醒目。

蓋房子的事情是很關心建築資訊的丈夫率先提起的。據說，他特別重視住宅的設計方案，還說：「廚房要設置在採光與通風都很好，且讓人感到非常舒適的場所。」

想要一個景致良好，可以感受綠意與清風的陽台。想要將妻子所在的廚房與孩子們生活的客廳連接起來——。面對這樣的要求，建築師若松均所提出的設計方案為，將大尺寸的島型廚房設置在該樓層的正中央。客廳與飯廳朝向兩側延伸，站在廚房內俐落地做菜的妻子也能一眼就掌握家人的情況。

另外，還設置了可以從飯廳、客廳兩側出入的稍寬陽台。在天氣晴朗的日子，也能將此處當成室外飯廳。「牆面綠化的效果出乎意料地好呢！在夏天，每週會在這裡用餐兩、三次。」

原本就喜愛北歐家具的丈夫到處尋找適合搭配現有家具的廚房。於是，他找到了「LIVING PRODUCTS」公司的訂製廚房。那個廚房採用胡桃木，擁有很美麗的漸層木紋。另外，在設備方面，忙碌的妻子也追加了「我想要洗碗機和廚餘處理機」這個簡單的要求。

正因為夫妻倆都有工作，而且每天都過得很忙碌，所以他們才想要在難得的假日與家人一起度過舒適的一天。位於此處的舒適廚房實現了那樣的願望。

牆面上設置了由丹麥設計師凱伊・克里斯汀森（Kai Kristiansen）所設計的置物櫃。產品購入於目黑的「Lewis」。

斜面天花板會如同反光板那樣，將來自最上層的光線反射，照亮北側的廚房。在水槽旁邊區域的內部裝設管線，好讓屋主將來能夠裝設嵌入式烤箱。位於島型廚房背後的是，可以從通道這邊使用的按壓式收納櫃（註：輕輕一按就能將櫃門打開）。

擁有舒適的採光與通風
北歐風格的廚房&客廳

在陽台設置牆面綠化區的點子，是丈夫在施工時所想到的。藉由綠色植物來產生療癒效果，在家庭派對時，也不用去在意周遭的視線。「大家一起聚餐時，也能炒熱氣氛喔。」

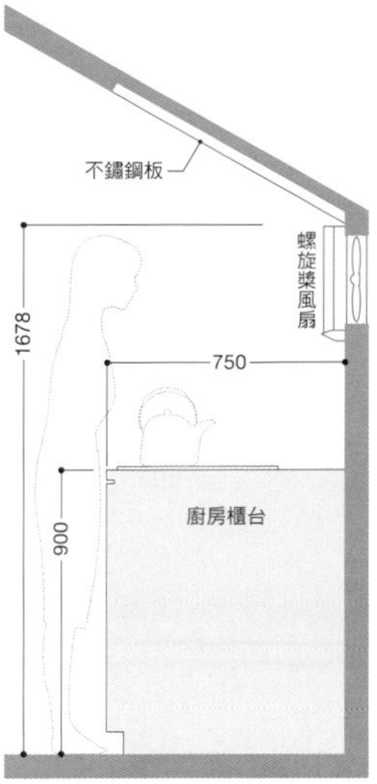

使用斜面天花板的傾斜度來代替抽油煙機。調理爐旁邊的牆面採用簡單的螺旋槳風扇。為了能輕易地將天花板表面的髒汙擦乾淨，所以採用貼上不鏽鋼板的設計。

將水槽、調理爐、冰箱的位置設計成一個三角形，不用浪費精力在移動上。較大的水龍頭是GROHE的混合水龍頭，較小的則是SEAGULL IV的淨水器。皆採用鵝頸式水龍頭。

藉由提高客廳的地板高度，來打造出一個富有深度的空間。即使位於同一個樓層，卻覺得很有立體感。雖然空間是相連的，卻能以和緩的方式來區隔用餐場所與休息場所。

位於廚房深處的書房區。客廳的地板高度比飯廳和廚房來得高。讓客廳的地板建材延伸，當成書桌來使用。置物架之間有一扇窗戶。此窗戶的尺寸是依照家具的寬度來設計的，看起來很有節奏感。

KITCHEN DATA

SPACE

廚房所在樓層的面積：64.01m²
廚房空間的面積：9.01m²

MATERIAL

地板：鋪設磁磚
牆壁、天花板：在石膏板上塗上灰漿
檯面、水槽：不鏽鋼，亂紋加工（特別訂製）
廚房櫃門材質：貼上胡桃木薄板
瓦斯爐：林內「RHS71W10G7V-SL」
洗碗機：Miele「G4500SCi」
換氣扇：三菱電機 螺旋槳風扇「EFC-25FB」
混合水龍頭：GROHE「MINTA31096 000」
淨水器：SEAGULL IV「X1-MA02」
廚餘處理機：築摩精密機械「Kitchen Carat CSD-101S」
廚房製作：LIVING PRODUCTS

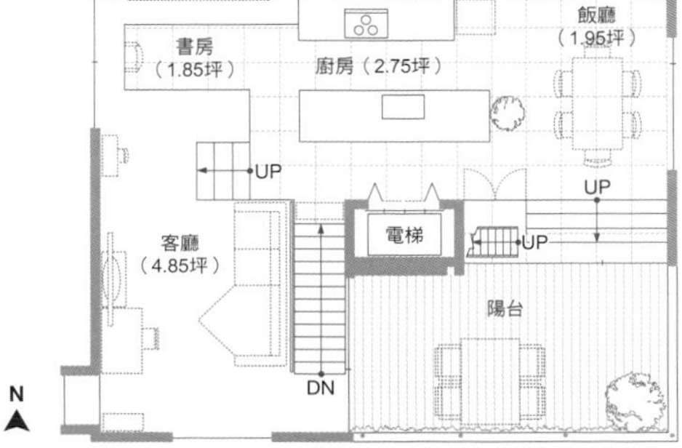

客廳、書房區、飯廳……。重點在於，以島型廚房為中心，來分配家人的生活空間。由於廚房前方有一座家用電梯，所以妻子能夠掌握所有家人的動向，也方便與家人交談。

R姓一家人委託設計師打造出來的，是令人覺得有點懷念，而且又很溫馨的歐風室內裝潢。以廚房的製作為代表，客廳、用水處，直到整體搭配，都是委託「FILE」這家室內裝飾用品店，請他們將腦海中所描繪的夢想化作實體。

在廚房部分，以L字形的靠牆廚房為基礎，並設置了島型廚房櫃。「等到孩子們長大後，想要和他們一起做料理，所以想要一個能讓很多人一起做料理的島型櫃檯。」

雖然調理爐、水槽這邊的檯面為不銹鋼製，但島型櫃檯這邊的檯面則採用純橡木材。藉由搭配使用木材地板與素材，來打造出具有一致性的空間。「明亮的木紋檯面能夠襯托器皿與料理，讓料理看起來很美味。」

收納空間很足夠。島型廚房櫃內放了電子鍋與烹調用家電，以及抽屜式垃圾桶。另外，也裝設了能夠應付家庭派對的大型嵌入式洗碗機。

對於平底鍋等料理器具也是更加地講究。這個廚房能夠激發創作慾望，讓R姓屋主很滿意。

很講究細節的歐式廚房

透過室內裝飾用品店的搭配，
實現了夢想中的西式室內裝潢。
廚房位於舒適空間的中心。

攝影（P.76～77）：宇戶浩二　撰文：森 聖加

CASE 14.

客廳的門採用歐洲風格的古典雙開門。藉由向FILE提出委託，實現了嚮往的風格。

島型廚房櫃的長度約1040mm，寬度為1820mm。宛如要以櫃門和門把為代表似的，整個住宅皆統一採用古典風格。

鋼筋混凝土結構的獨棟住宅
夫婦＋2個孩子
兵庫縣・R邸
廚房、室內裝潢設計：FILE

實現了一直
很嚮往的古典風格

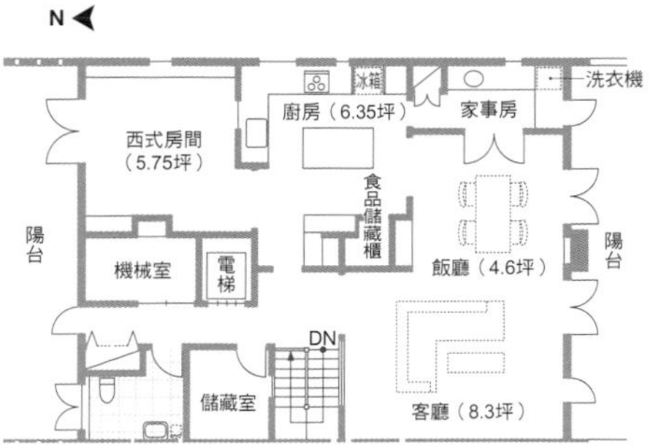

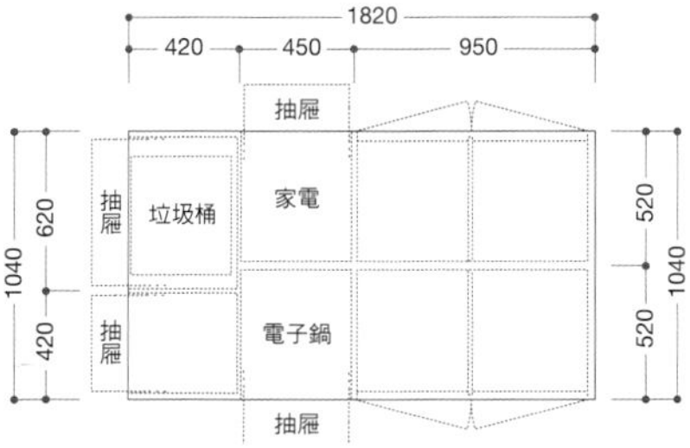

上圖是島型廚房櫃檯的俯視圖。充分活用了島型廚房櫃檯的四個面，收納量令人引以為傲。在設計上花了許多心思，包含了能夠收納電子鍋的滑軌式收納櫃、垃圾桶櫃，以及很方便的2孔式插座等。

與廚房相鄰的家事房。此處的牆壁貼上了顏色鮮明的灰色壁紙。透過與廚房相連的流暢動線，來順利地做家事。

不僅是廚房，從客廳到廁所，所有區域的室內裝潢都有經過搭配。洗手台採用KOHLER公司的臺座型（單腳型）。

KITCHEN DATA

SPACE

廚房所在樓層的面積：127.5m²
廚房空間的面積：20.7m²

MATERIAL

地板：鋪設橡木地板
牆壁：貼上壁紙，一部分採用磁磚
天花板：貼上壁紙
檯面：不鏽鋼，亂紋加工；
純橡木材，護木油加工法
水槽：FILE原創的雙置物架水槽
廚房櫃門材質：PLANER 灰白色，使用油漆刷來加工
瓦斯爐：林內「DELICIA GRiLLER RS71W5ALR2-SL」
洗碗機：ASKO「D5534」
抽油煙機：富士工業「NSR-3B-904V-L S」
水龍頭設備：CERA「KW0231013」
盥洗室的洗手台：KOHLER「K-2356-8-0」
盥洗室的水龍頭設備：KOHLER「K-12265-4-CP」

L字形廚房的長邊約為3000mm，短邊則約為2600mm。在照明方面，採用多個丹麥LIGHTYEARS公司的「Caravaggio」吊燈。

CASE 15.

從大窗戶照射進來的陽光反射在白色地板上，將空間很大的LDK照亮，看起來宛如日光室。窗外的光臘樹葉子搖晃著，用綠油油的景色來點綴這個白色空間。只要站在廚房櫃檯，堀邸的這幅溫馨景色看起來就是

2樓的LDK採用空間很大的一室格局。斜面天花板高度朝著窗外景色的方向增加，營造出一種開放感。窗邊的吧檯也是配合廚房的設計來製作的。

融入大空間中的
全景廚房

只要站在廚房內，就能眺望整個家。
我們拜訪了堀邸，來到位於住宅正中央的廚房。
在設計上，也很重視廚房與其他空間的協調感。

攝影：永禮 賢　撰文：木村直子

最美的。負責住宅設計的建築師田井勝馬將廚房設置在北側，也就是斜面天花板的最低處。斜面天花板從該處以放射狀的方式，朝著南邊的中庭方向逐漸變高，營造出能夠仰望天空的寬闊視野，感覺很舒暢。再者，在房間格局部分，客飯廳當然不用說，連中間隔著差層式結構的兒童房也能一目瞭然。堀姓屋主說：「由於孩子很小，所以我希望隨時都能注意到他的情況。」

另外，為了讓整個空間顯得很協調，廚房則委託公認擅長呈現高級建材質感的公司Linea Talara來製作。該公司採用了各種能讓飯廳和廚房自然地互相融合的設計，像是由白色與黑色的板材組合而成的牆面收納櫃，島型廚房櫃檯與窗邊吧檯採用相同的材質「石英石」。

令人印象深刻的是，厚實的石英石製廚房櫃檯，檯面朝著飯廳方向凸出了一大段。之所以能夠實現這種強而有力的設計，靠的是Linea Talara公司的獨家技術，這種技術確保了材質的強度。

透過能夠融入室內裝潢的高級建材、擁有技術的Linea Talara公司、建築師的合作，才得以完成了這個能調和各空間的廚房。

2層樓的鋼筋混凝土獨棟住宅＋地下室
夫婦＋2個孩子　東京都・堀邸
住宅設計：田井勝馬／
田井勝馬建築設計工房
廚房製作：Linea Talara

大膽地讓富有重量的檯面向外凸出。之所以能夠實現這種設計，靠的是Linea Talara公司的獨家技術。該技術採用的是夾入多根鋼筋的方法。

附有滑軌櫃的收納空間是烹調用家電的固定收納位置。深灰色的面材採用了聚氨酯塗料。其特徵為，只要做成鏡面就能營造高級感。

基於想在同個場所處理好各種家務的考量，所以將洗衣機與洗衣用水槽嵌入牆面收納空間。

高度14cm的淺抽屜會用來收納日常使用的淺盤。該抽屜使用奧地利Blum公司的金屬零件與滑軌，承重可達到30kg。

島型廚房的內側。從烤箱到調味料架、洗碗機，全都採用嵌入式設計的多功能空間。

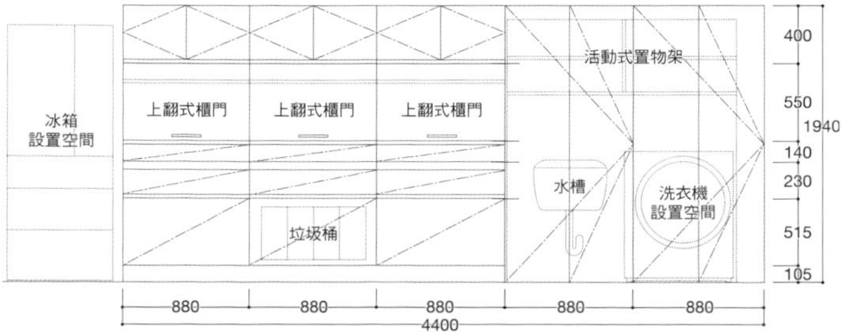

依照堀姓屋主的要求，採用以「隱藏式」收納櫃為主的設計方案。為了能夠一邊開著櫃門，一邊做事，用來收納烹調用家電的空間採用上翻式櫃門，用來設置洗衣機與水槽的空間則採用摺疊門。

為了搭配造型方正的深色廚房，餐桌與椅子也採用黑色的簡約時尚風格。

融入空間中的顏色、素材、尺寸。整體很協調，所以看起來很美

為了搭配抽油煙機，所以設置了強化玻璃隔板。「孩子可以隔著玻璃把作業卷拿給我看喔（笑）」（堀姓屋主）。為了使其與廚房融為一體，面向中庭的吧檯的工程交由Linea Talara公司負責。

能夠從廚房環視整個客飯廳。沙發、餐桌、椅子都選用CASSINA公司的產品。時尚家具與極簡風格的空間非常搭。

用來連接LDK與兒童房的差層式階梯，採用觸感很棒的白蠟木。這裡也是孩子們的休息場所，可以看書、遊玩。

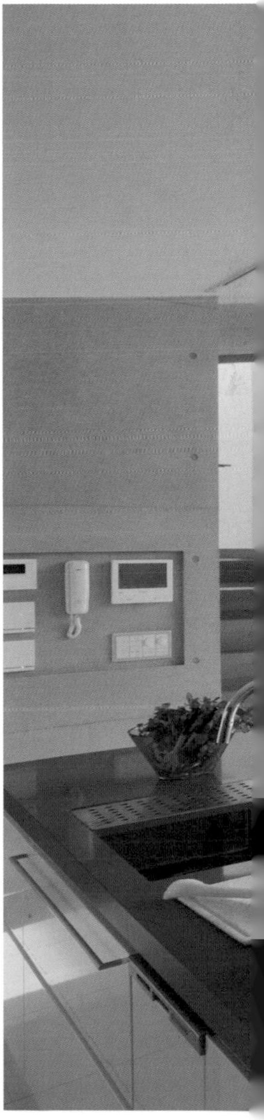

KITCHEN DATA

SPECE

廚房所在樓層的面積：128.42m²
飯廳與廚房空間的面積：40.04m²

MATERIAL

地板：磁磚
牆壁：Kasein Marmormehlfarbe塗料，一部分採用清水混凝土
天花板：Kasein Marmormehlfarbe塗料
檯面：石英石
水槽：不鏽鋼
廚房櫃門材質：聚氨酯鏡面塗層
IH調理爐、洗烘碗機、電烤箱：Panasonic
抽油煙機：ARIAFINA
混合水龍頭（內建淨水器的單把手型）：三菱Rayon
住宅施工：醍醐建設
廚房製作：Linea Talara

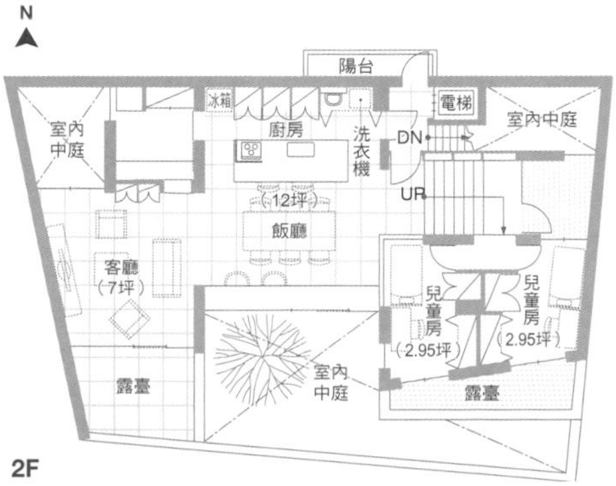

2F

CASE 16.

混合各種不同素材 打造表情豐富的廚房

木村夫婦兩人都有工作，他們想要一個既實用又有質感的廚房。為了搭配充滿木頭質感的室內裝潢，所以使用許多深色調的建材，打造出讓全家人都易於使用，而且風格穩重的用餐場所。

攝影：辻本SHINKO　撰文：宮崎博子

「為了和孩子們一起製作料理，所以我想要打造出《借物少女艾莉緹》當中的那種古老宅邸內的大廚房。」屋主木村如是說。

當自己的新家還在興建時，木村就開始找尋能夠自由搭配的廚房，此時設計師向他推薦了kitchenhouse這間公司。「使用的建材可以自由選擇，而且服務很熱心」這一點讓木村很中意，於是決定向該公司提出委託。

為了讓一家人容易進出，廚房設置在一樓的正中央。配合丈夫所挑選的石材風格磁磚，表面板材採用石材風格的美耐皿，握把是特別訂製品。他們完成了很有質感的廚房。

平常也要上班的妻子所提出的要求為，將方便上菜的櫃檯與餐桌融為一體的廚房。長度達到320cm，算是挺長的，設備也很充實，有瓦斯爐與IH調理爐。喜歡做菜的丈夫也滿足地說：「最令人滿意的部分，是能夠一邊用可以迅速煮沸熱水的IH調理爐來煮義大利麵，一邊用方便調整火力的瓦斯爐來製作醬汁。」

由於採用雙水槽設計，所以料理工作臺的寬度僅有78cm，不過只要將專用金屬板蓋在迷你水槽上，就能確保足夠寬敞的作業空間。設計師理解了這家人的願望，打造出能夠靈活運用的堅固廚房。

2層樓的木造獨棟住宅
夫婦＋2個孩子　大阪府．木村邸
廚房設計：kitchenhouse
住宅設計：住友林業

透過黏上石材的牆壁與白橡木面材等素材質感的結合，打造出風格沉穩的廚房。吧檯與餐桌的高度為72cm，比廚房檯面低16cm。

左／在抽屜內裝設多孔金屬板，做成吊掛式收納空間，可以放長柄杓等器具類。這樣也不易沾染灰塵，很衛生。

右／妻子說：「林內瓦斯爐的爐架很輕，容易清理，所以我很喜歡。」燒烤爐也很有用，能夠將披薩與地瓜烤得很香，讓全家人都很滿意。

代表性的照明設備是丹麥LIGHTYEARS公司的「Caravaggio」吊燈。連吧檯與餐桌的橫切面部分也都採用相同的石材風格花紋，以呈現出一致性。

石材、鐵、木材……。將各種會因經年變化而提昇質感的建材結合在一起

嵌入兼具功能與設計感的設備，像是Panasonic的烤箱微波爐、GAGGEN-AU的洗碗機等。

KITCHEN DATA

SPACE

廚房所在樓層的面積：143.90m²
廚房空間的面積：29.70m²

MATERIAL

地板：鋪設胡桃木地板
牆壁：以噴塗方式噴上土牆風格的牆壁塗料，用灰匙把塗料抹平，一部分貼上石材、磁磚
天花板：以噴塗方式噴上土牆風格的牆壁塗料，隨興風格加工（註：用灰匙等工具留下不規格的塗抹痕跡）
檯面、水槽：不鏽鋼，亂紋加工（特別訂製）
廚房櫃門材質：上色的白橡木（特別訂製）
瓦斯爐：林內「RRB71W5ALRSL」
IH調理爐：林內「RKD321G10S」
洗碗機：GAGGENAU「DI 260 411」
抽油煙機：ARIAFINA「CLREL-1252S」
混合水龍頭：GROHE「32 668 000」
淨水器專用水龍頭：GROHE「JP 2988 00」
烤箱微波爐：Panasonic「NE-WT741NKH」
廚房製作：kitchenhouse 大阪店

宛如燻過的表面加工方式，讓鐵製的把手與毛巾架很有韻味。這是為了搭配顏色不均勻的表面板材而訂製的。

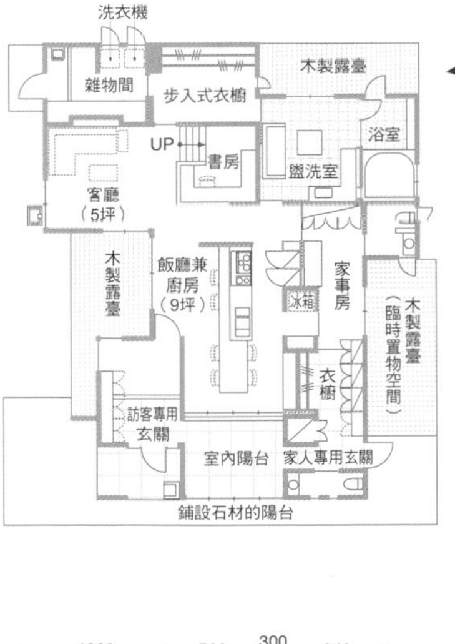

內建淨水器的迷你水槽具備多種用途，像是放入冰塊將飲料冰涼。在木村邸，此處用來放置瀝水籃，成為器具整理區。

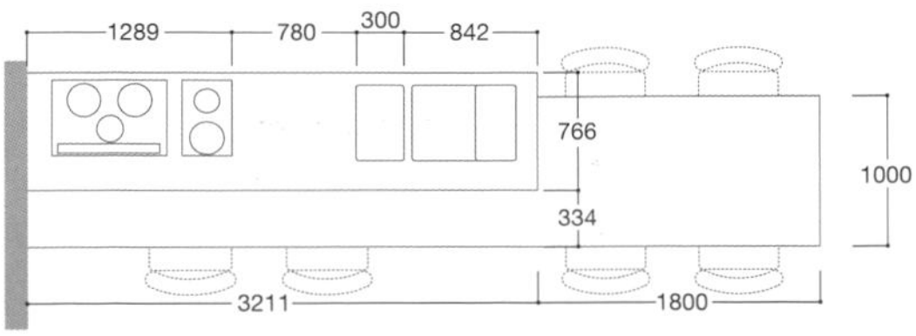

長度約320cm的廚房很寬敞，能讓許多人一起做菜。藉由讓便於使用的大水槽與有裝設淨水器的迷你水槽並排，也能夠將料理前置作業區與洗滌區分開。

據說，瓦斯爐主要用來炒東西。「燉煮或燒開水的話，就用IH調理爐。透過定時功能能夠自動關閉，所以很方便。」

陽光從西側照進廚房。廚房內有個將調味料等物擺得很漂亮的收納櫃。該收納櫃的背面有一個具備大型儲藏室與廁所等功能的大型「箱子」。在這個風格鮮明的樓層，木材質感成為了室內裝潢的特色。

CASE 17.

宛如舞台般的開放式廚房

G先生想要一個能讓夫妻倆悠閒度日的家。
在這個明亮且充滿活力的空間中，
廚房成為了房間格局的關鍵。

攝影：井上 聰　撰文：松川繪里

2層樓的鋼筋混凝土結構住宅
夫婦　福岡縣／G邸
廚房設計：kitchenhouse
住宅設計：井上 聰／
井上聰建築計畫事務所

讓軸組結構（註：梁、柱等）轉動約75度，就能呈現出不同的景色的客廳。擺放了許多與混凝土很搭的時尚家具，像是Poul Kjærholm的PK22等。天花板給人一種又高又輕巧的印象。

對料理與咖啡很講究，假日會在車庫內為心愛的機車進行保養……。

G氏夫婦理想中的住宅為，能夠讓夫妻倆享受各自的興趣，並悠閒度日的家。由於他們很嚮往混凝土與砂漿等強而有力的素材，所以井上聰先生在制定設計方案時，加入了這兩項要素。

他提出的設計方案為，在LDK中設置空間容積很大的室內中庭。重視相連空間的開放感，實現舒適自在的住宅。

為了將客廳打造成更加舒適的場所，首先要確保寬敞度。不設置隔間牆與走廊。由於也將廚房納入同一個空間內，所以將設計感很高的島型廚房櫃設置在客廳的正對面。將步入式衣櫥設置在旁邊，也是用來提昇舒適感的設計重點。「回家後，不用爬上二樓，而是能夠直接且流暢地轉換成放鬆模式。」夫妻倆都很滿意這項設計。

廚房距離車庫很近，當車友來家裡聚會時，可以很方便地招待他們。不過，還是想要將之與客廳等生活場所區隔開來。因此，廚房內設置了一個帶有素材質感的大型「木箱」。透過這項設計，可以在此處設置大型食品儲藏櫃，作為廚房周圍的收納空間，同時又能和朝向內部延伸的空間做出區隔。

據說，夫妻倆現在大部分的時間都會待在客廳。坐在喜愛的椅子上，仰望挑高的天花板時，會覺得空間很寬敞，並覺得自己實現了想像中的「悠閒生活」。

宛如藝術品般的廚房是「kitchenhouse」的產品「Archi01」。此產品的設計是由建築師窪田勝文先生負責監修。

刻意只將廚房的天花板做得較低，使廚房與室內中庭空間產生強烈對比。帶有各種傾斜度的天花板看起來的樣子，會隨著不同的時間而產生變化。

宛如藝術品般
很有存在感的島型廚房

上／從玄關走進室內，視線就會朝著樓梯與庭院這兩個方向延伸。餐桌是認識的藝術家的原創作品。椅子則是薩比艾爾・波夏爾的「A-chair」。安裝在固定於某處前端的燈座上的照明也很特別。

下／將床墊嵌進2樓寢室的地板內。寢室與衛浴室相鄰。在面積上，雖然空間很有限，不過由於與其他空間是相連的，所以看起來很寬敞。

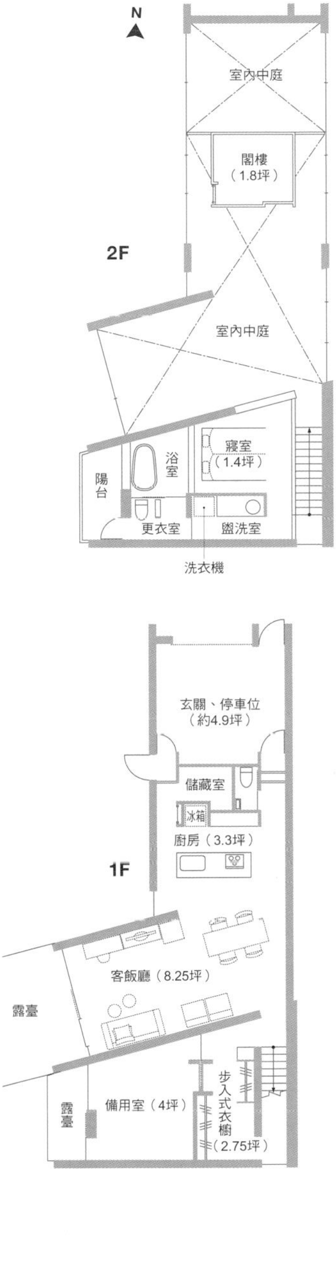

KITCHEN DATA

SPACE

廚房所在樓層的面積：92.63m²
廚房空間的面積：10.84m²

MATERIAL

地板：將砂漿塗平
牆壁、天花板：在清水混凝土上使用GAINA塗料
檯面：高壓美耐板（混凝土灰béton gray）
水槽：不鏽鋼（ZeroR水槽）
廚房櫃門材質：美耐板（混凝土灰béton gray）
IH調理爐：Panasonic
洗碗機：Panasonic（45cm）
抽油煙機：ARIAFINA「CNSRF-RK-902S」
廚房製作：kitchenhouse

右／該樓層的南北方向較長，廚房大致上位於樓層中央。廚房的位置很方便，距離兼作車庫的玄關很近，而且也能看到客飯廳的情況。

要如何打造訂製廚房？

要如何打造訂製廚房呢——？
在本專欄，我們將請教曾經親自參與過許多實例的室內裝潢設計師山崎百合子（山崎ゆり子），關於製作廚房前的心理準備、挑選合作夥伴的方式、從開始製作到完工的流程、成功的關鍵等事項。

撰文：宮崎博子

How to order Kitchen

監修／山崎百合子

室內裝潢事務所「atelier21」負責人。綜合證照學院講師。對於廚房的設計與流行趨勢的造詣也很深，而且也有在Living Design Center OZONE等處舉辦研討會。

01
What?

說起來，究竟何謂訂製廚房？

現在，顧客對於廚房的要求變得多樣化，設計方案的選擇也增加了。廚房大致上可以分成廠商的系統廚房、自訂型廚房、訂製廚房這三種。廠商的系統廚房種類豐富，可選購的配備也很多種。設備與材質可以在一定的範圍內挑選，而且也有很多種套裝方案。自訂型廚房是以基本方案為基礎，可以變更材質或設計，也能與特別訂製品進行搭配。

另一方面，若選擇訂製廚房的話，從尺寸到設計都非常自由。將使用方式與圖像資料傳達給負責人，與負責人一起構思設計方案。由於可以配合建築物來進行設計與規劃，所以最大的魅力在於能夠依照顧客的要求與房間格局，打造出獨一無二的廚房。

02
Partner

要如何挑選訂製廚房的合作夥伴？

採用訂製廚房時，大多會委託給專門承包廚房製作工程的店家。如果住宅是由建築師負責設計的話，有時也會交給容易傳達概念與想法的熟識製作公司。如果是「只有廚房想要委託別家公司」這種情況的話，就要盡早商量相關事宜。這是因為，許多廚房製作公司也會製作用水處與收納空間。

在挑選委託對象時，最好要注意一下自己想要的廚房是否是對方擅長的風格。畢竟每家店所擅長的領域都不同，有的擅長時尚風格的廚房，有的則擅長使用木材製成的自然風格廚房。在沒有目錄的情況下，最好請對方出示過去曾參與過的實例照片，並進行數次溝通，判斷能否能朝著理想的方向進展，這是很重要的。

03
Success tips

讓訂製廚房成功完成的秘訣在於「溝通能力」

在製作訂製廚房時，比起具體地決定設置位置、正面寬度等事項，更重要的是要先進行各種想像。清爽的時尚廚房、能夠發揮廚藝的專業等級廚房等，只要事先將「想要什麼樣的廚房、又想要如何使用」的想法整理清楚，接受委託的人也就能提出更加明確的設計方案。

接著，如何順利地將整理好的內容傳達給對方，正是讓訂製廚房成功完成的秘訣。舉例來說，可以讓對方看自己喜歡的照片，或是聊聊與廚房沒有直接關連的話題，像是喜歡的書或餐廳，藉此來找尋靈感。經過多次溝通後，設計師應該就會產生「如果是為了這個人的話」這種想法，並且變得更加熱心。

04
Process

了解訂製廚房的製作過程

決定訂製廚房的委託對象後，就要盡早將資訊提供給負責設計住宅的建築師或設計師。為了打造出能融入室內裝潢的廚房，必須與設計師互相交流。

接著，要與廚具公司的設計師進行多次商討會議，持續地討論詳細的設計方案與規格。在概要差不多整理好的階段，對方會製作估價單，所以要一邊觀察預算與要求之間的平衡，一邊簽訂正式合約。

將尺寸、顏色範例、管線等細節畫進設計圖後，就會開始訂購材料。一般來說，經過1～3週左右就能交貨，不過如果採用了罕見的國外材料的話，有時也必須花時間準備。為了讓開始施工時能備齊材料，請事先預留充裕的時間吧。

05
Cost & Trend

令人在意的成本與廚房的流行趨勢為何？

依照廚房的規模、使用材料、設備，所需費用的範圍很大，從100萬日圓到1000萬日圓都有可能。透過估價單的細節來弄清楚「是否真的有必要」，並配合預算來進行討論。自己掌控成本並取得平衡，這正是採用訂製廚房才能感受到的醍醐味。

最近的流行趨勢是扁平化的結構工法與時尚設計。當水槽面向客廳方向時，以前大多會設置用來隱藏手邊動作的直立隔板，但省略隔板的完全開放式風格也很受歡迎。另外，如果想在表面板材上使用獨特的顏色或花紋的話，請試著想像LDK的整體室內裝潢。依照使用的面積與融入周圍環境的方式，給人的印象會有很大差異，所以請先和設計師商量。

正因為是訂製廚房 才能講究的材質&廚房設備

從設備到零件都能個別挑選，這一點正是訂製廚房的優點。
依照使用方式與喜好，自由地選擇設計、設置位置、最新的機器設備。
本單元會介紹有助於打造出完美廚房的材質與機器設備。

結合了不同材質的嶄新例子。烹調工作區為花崗岩，其他的部分則是不鏽鋼。「bulthaup：b2」／KREIS & Company

依照材質的特性來經常保養 讓檯面能夠使用很久

無論什麼材質，都會隨著時間而產生變化。必須採用適合該材質的保養方式，並經常保養。舉例來說，人造大理石的品質會因廠商不同而有落差，有些產品會容易留下污漬，要特別留意。另外，木製品乍看之下似乎很難保養，但只要有確實上過塗料，平常只需用濕抹布擦拭即可。只要選擇喜愛的材質，就算多少有點受損，也能成為一種風味，讓人永久愛惜。

檯面的尺寸 應該如何決定？

一般來說，檯面高度的基準為「身高÷2＋5cm」，不過手腳長度與使用便利性是因人而異的。舉例來說，使用起來的感覺也會受到「是否有穿拖鞋」等細微因素影響，所以請大家到展示中心實際使用看看吧。若想裝設洗碗機的話，也必須檢查安裝時所需的寬度與高度。當檯面的長度較短時，可以將縱深設計得長一點，以確保檯面的寬敞度。

要如何從各種材質中 挑選檯面的材質？

希望大家能依照使用方式與材質的特性來仔細考慮檯面（調理台）的材質。既防水耐熱又堅固的材質，果然還是不銹鋼。如果想挑選花紋的話，建議採用種類很豐富的人造大理石或美耐皿。如果想要製作麵包的麵團，帶有冰涼觸感的天然大理石很適合，但耐酸性弱。石英石等新材質與自然的木製檯面也很受歡迎。

01
大型磁磚

最近，由於技術的進步，市面上也出現了完全沒有接縫的「整面式磁磚」。大型磁磚的最大尺寸為300×100cm。照片中的「COSTANTE」，其檯面與主體、櫃門都採用相同材質，呈現出壓倒性的存在感。陶瓷的吸水率低，而且很堅固，不易損傷。◎kitchenhouse

02
美耐皿

「高壓美耐皿材」的製作方法為，對由美耐皿樹脂與紙等材料所構成的裝飾板進行高壓處理，再進行加工。由於表面很硬，所以很耐撞，耐熱性也夠。花紋種類豐富，這一點也令人很高興。由於櫃門、橫切面、餐桌都採用相同材質，所以能夠成為室內設計性很出色的廚房。照片中的產品是「EVALT」。◎kitchenhouse

03
磁磚

想要打造很有個性的廚房時，磁磚會發揮很大作用。顏色與形狀的種類很豐富，從白色的自然磁磚到顏色很醒目的磁磚都有。磁磚的尺寸也會影響給人的印象，所以請先觀看樣品後，再進行討論。如果在意接縫的可清潔性的話，也可試試加了抗菌劑的類型。（照片提供／LiB contents）

04
木材

木材具備自然材料的獨特質感，成品看起來宛如家具一般，很吸引人。依照樹種，顏色與木紋的種類很多，而且可以欣賞到包含光澤與損傷在內的長期變化。山毛櫸與胡桃木等拼接板也很多人使用。照片中的「Linee」使用橡木製成，並塗上了不含有害接著劑的護木油。◎TEAM7JAPAN

05
生態材料

近年來，以自然材料為基礎加工而成的新材料，也持續增加中。照片中的，是由義大利產石英石、大理石等礦物與水溶性聚合物所組成的生態材料。耐久性高又容易保養。反覆塗上六層後，呈現的微妙凹凸與細膩色調正是其魅力所在。照片為「ECOMALTA」。◎Euromobil

06
不鏽鋼

防水、耐熱、抗汙力強，在衛生方面也很出色的萬能材料。依照「髮絲紋」或「亂紋」等不同的表面加工方式與厚度，給人的印象、傷痕的明顯程度、價格範圍都會改變，所以請和專家商量。使用厚達4mm以上的高級不鏽鋼製成的水槽一體成型式廚房也很受歡迎。（照片提供／amstyle）

07
石英石

把在天然石材中硬度特別硬，吸水率又極低的「水晶」弄碎，再壓縮成型的材質。兼具天然石材的光芒與堅固性，是目前最受矚目的材料。即使使用菜刀也不會磨損，而且幾乎不會吸收水分，所以也很容易保養。照片為「Fiore Stone Northern Ice」。（照片提供／CUCINA）

08
人造大理石

是一種樹脂材料，具備天然石材般的外觀與質感，耐熱性也很好。加工容易，能夠做出與水槽一體成型的獨特檯面。許多廠商都有研發獨家商品，種類很豐富。照片中的是知名的杜邦（Dupont）公司的「CORIAN Modesto」。（照片提供／CUCINA）

大中小三個爐，搭載自動加熱、無鍋自動關閉功能。下方也能裝設烤箱微波爐。「KM6311LPT」310,000日圓 ◎Miele Japan

即使將大鍋子放在左邊的超大火力調理爐上，可用的空間還是很寬敞。「ASKO HG1935AB」470,000日圓 ◎綱島商事

同時採用IH調理爐與瓦斯爐 活用兩者的優點

「想要能夠迅速將水煮沸，而且用起來很輕鬆的IH調理爐。能夠甩鍋，製作出正統熱炒料理的瓦斯爐卻也難以割捨……」下定決心裝設兩種爐具的人也在增加中。只要符合設置空間與成本等條件的話，不管是國外還是國內的產品，都有許多兼具設計感與安裝便利性的小型款式。也可以加裝燒烤爐或電炸鍋等設備。

能夠乾淨地烹調的IH調理爐 也變得有更多款式可以選擇

IH調理爐是透過磁力線的作用，讓鍋子本身發熱。由於檯面是平的，所以保養很容易，也容易融入室內裝潢與空間中。因為沒有火焰而令人放心，不過其實火力相當於瓦斯爐的大火，熱效率很高也是其特色。不會燃燒，所以在夏天也不會使空氣變熱，既乾淨又舒適。IH調理爐的種類也在增加中，像是「Free Area型」，以及也能使用砂鍋的all metal對應型等。

直接用火來烹調的瓦斯爐。 檢查必要的火力與功能

與以前相比，瓦斯爐的安全性與設計感進步了非常多。自從法律規定瓦斯爐必須強制裝設全爐感應器後，就不用再擔心爐火在中途熄滅或忘了關火了。在保養方面，檯面與爐架都做成很容易清理的簡單形狀。在挑選時，需要的火力、爐數、燒烤爐是關鍵重點。最近，燒烤爐功能有了顯著的進步。使用荷蘭鍋或專用烤盤，就能享受種類豐富的料理。

01

CX 480 100
GAGGENAU

整個檯面都是烹調區，各種尺寸與形狀的鍋子都能使用。最多可以同時使用4個鍋子來煮東西。由於機器會記憶烹調時的火力與時間，所以即使移動鍋子，也能夠繼續烹調。附贈「鐵板燒調理盤」，開家庭派對時非常有用的道具。「Full Surface（無邊框）」無具體定價（open price）◎N.TEC

02

DTI1089V
De Dietrich

歐洲知名公司De Dietrich研發的新型IH調理爐。正面寬度達93cm，可以兩個人一起做菜。在「彈性區（Flex Zone）」的部分，也能使用大鍋子，擺放位置不需固定。如果以該區域為中心分成左右兩邊的話，最多可以同時使用4個爐。火力等級分成15級。有快速加熱功能。350,000日圓 ◎Major Appliance

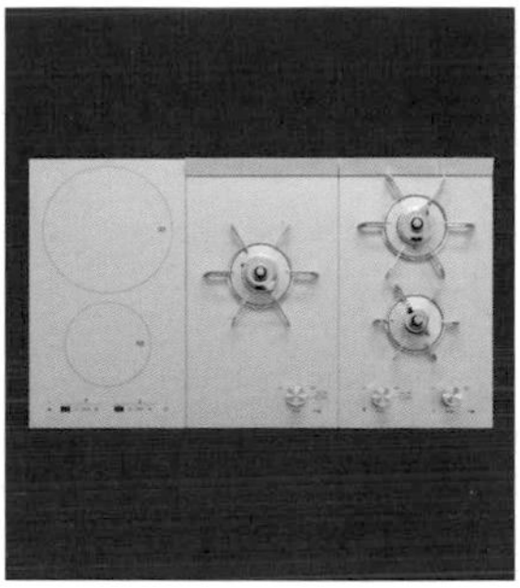

03

MY CHOICE
林內

由瓦斯爐與IH調理爐組合而成的爐具組，曾獲得優良設計獎。無邊框的檯面採用德國SCHOTT公司製造的耐熱陶瓷玻璃，清理起來也很輕鬆。也有黑色可以選擇。RKD321G10S（二口式IH調理爐）200,000日圓、RD 311G10S（單口式瓦斯爐）168,000日圓、RD321G10S（二口式瓦斯爐）168,000日圓 ◎林內

04

EHI326CA
伊萊克斯（Electrolux）

二口式小型IH調理爐，與任何類型的廚房都很搭。火力等級分成15級。製作油炸料理等時，可以透過很方便的溫度設定功能，將溫度控制在60～220°。按一下就能達到最大火力。也有倒數計時功能，可以自動關閉電源，協助人們舒適地進行料理工作。無具體定價 ◎伊萊克斯

05

RVGC336-5B
VIKING

這個瓦斯爐既堅固又充滿機能美。由3片結構組成的鑄造爐架很平坦，在移動鍋子，或是讓鍋子離開火源時，只需讓鍋子滑動即可。共有5個大小不同的爐，足以應付專業用途。燃燒器有用東西封起來，即使煮沸的湯汁從鍋中溢出，水分也不會進入內部。無具體定價 ◎綱島商事

06

爐具搭配組
Miele

可以依照正面寬度與用途來自由搭配烹調設備。包含了二口式IH調理爐、輻射熱調理爐（radiant heater）、燒烤爐、電炸鍋。在加熱時，或是還有餘熱的時候，操作區的指示標誌會亮紅燈。由於設計帶有一致性，所以可以打造出雅緻的廚房。二口式輻射熱調理爐「CS 1112 E」186,000日圓起 ◎Miele Japan

07

DELICIA GRiLLER
林內

由林內與東京瓦斯公司共同研發，並在2014年秋天推出全新改款。從超強火力到爐心火都有，也是其魅力所在。只要使用附贈的cocotte荷蘭鍋，連料理新手也能輕易做出燒烤料理。不會把爐內弄髒，可以挑戰燉煮料理或烤麵包。「RHS71W16ALR-SL」298,000日圓 ◎林內

08

智慧型瓦斯爐
NORITZ

這台次世代型瓦斯爐採用很有未來感的操作方式。啟動電源後，檯面上就會浮現LED圖示，透過指尖來轉動圓盤狀開關，以調整火力。由於開關採用磁力方式，可以拆卸，所以清理上也很簡單。透過附贈的烤盤，也能讓燒烤爐自動烹調。「N2SO1TWASSTESC」338,000日圓 ◎NORITZ

不鏽鋼的訂製廚房與AEG的冰箱很搭。牆面上裝設了AGE的嵌入式烤箱。
設計／APOLLO一級建築師事務所（照片：西川公朗）

嵌入式烤箱的種類與流行趨勢

近年來，採用嵌入式烤箱的人不斷在增加。大致上可以分成兩種，加熱快速的瓦斯烤箱，以及具備感應器與自訂烹調模式功能的電烤箱。但現在也出現了兼具烤箱與蒸爐兩種功能的機種，以及也能進行微波的機種，種類分得愈來愈細。容量很大的三層式機種也在增加中，各層可以製作不同料理，讓做菜變得更有樂趣。

變得愈來愈方便的洗碗機

國外製與日本製的洗碗機，在規格與設計上都不同。國外的主流洗碗機是正面寬度60cm的大容量型，而且是門會向前打開的前開式。日本製機種則為抽屜式，特色為即使站著也能輕鬆地取放餐具。正面寬度分成45cm與60cm兩種，而且還有快速清洗、分開清洗、節能模式等各種模式可以選擇，很方便。請仔細地確認運作模式與架子的形狀等細節吧。

今後的廚房會以嵌入式為主流

嵌入式家電指的是嵌在廚房收納櫃內的家電。除了烹調用加熱設備以外，還有洗碗機、烤箱等。基本上，嵌入式烤箱的火力會比桌上型烤箱來得強。即使是狹小的廚房，只要將烤箱嵌在檯面下方或背後的收納櫃內，就能節省空間，外觀也很清爽。將水槽內的餐具放入旁邊的洗碗機時，所需移動距離也很短，能夠使廚房變得更加方便。

01

電子瓦斯烤箱
林內

電子瓦斯烤箱具備瓦斯烤箱與微波爐的同時加熱功能，能夠提昇烹調效率。即使要處理很厚的肉類，也能在短時間內將肉的內部加熱。烤箱與微波爐也能單獨使用。此外還搭載了土司發酵、自動感應烹調等各種模式。「RSR-S14 E-ST」210,000日圓 ◎林內

02

H 6860 BP
Miele

這台高性能的電烤箱搭載了「M touch操作面板」，能夠藉由直覺化的操作介面來執行各種功能。透過76L的大容量，能夠輕鬆地製作烤全雞等料理。也搭載了「能夠噴出蒸氣的加濕功能（moisture plus）」與「能夠將殘留污漬清理乾淨的熱洗淨功能」。750,000日圓 ◎Miele Japan

03

嵌入式蒸氣烤箱
GAGGENAU

透過這台蒸氣烤箱，就能進行蒸氣烹調與加濕熱風烹調。濕度分成5種等級，溫度可以控制在30～230°之間。能夠鎖住魚和肉的鮮味，保留蔬菜的養分，做出美味的料理。也搭載了重新加熱、解凍、低溫烹調等便利功能。「BS450/451430」720,000日圓 ◎N.TEC

04

嵌入式加熱器
GAGGENAU

這款新型加熱器結合了烤箱與蒸氣烤箱的功能。功能包含了，以40～80°的溫度將餐具預熱、料理保溫、低溫烹調等。透過低溫烹調，可以做出很嫩的肉。照片中的是容量19L的機種，可以放入6人份的晚餐餐具。也有51L的機種。「WS461130」200,000日圓 ◎N.TEC

05

D5554
ASKO

「透過北歐式設計，收納日式餐具很方便。」這台洗碗機很受歡迎。依照髒汙程度與清洗時間，有13種模式可供選擇。在清洗之前，會在內部先把髒汙沖掉，透過從10個地方噴出的強力水柱來洗淨餐具。內部很寬敞，高度達到54cm，餐具籃的種類也很豐富。大盤子和湯碗都放得下，令人很高興。380,000日圓 ◎綱島商事

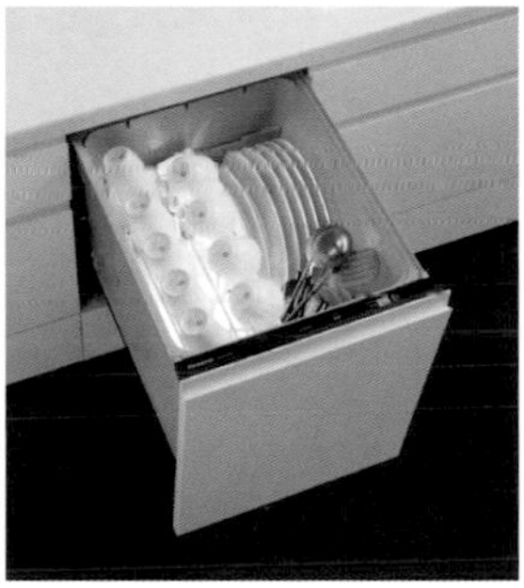

06

K系列
Panasonic

這個完全一體型（Full Integrated）的洗烘碗機採用智慧型新設計，提昇了設計感。「Deep Type」機種的深度達到33cm，連倒立的直筒鍋也放得下，總共可以放入約6人份的餐具。照片中的是搭載了ECONAVI等功能的高階機種。「NP-45KD7W」219,000日圓 ◎Panasonic

07

NF45B16PMS
NORITZ

採用抽屜式設計，操作面板位於門的上方，所以站著就能輕鬆操作。只要選擇6種模式當中的「強力洗淨模式」，就會先用高溫蒸氣來使污漬軟化，然後再噴出72°的熱水，用力地沖去污漬。由於表面沒有排氣口，所以屬於令人放心的「無排氣口型」。165,000日圓 ◎NORITZ（Harman）

08

G 6360 SCVi
Miele

操作面板位於門的上方，可以採用與廚房相同的表面板材。在選擇清洗模式時，螢幕上會顯示消耗電力與水量的基準。由於清洗結束後會顯示實際數值，所以也能提昇使用者的節能意識。洗完後，門會自動打開，讓餐具能快一點晾乾。405,000日圓 ◎Miele Japan

可靠的訂製廚房店家指南

設計當然不用說，連零件與收納空間等使用便利性，
都能依照自己喜好來自訂的訂製廚房。
本單元會介紹數間由編輯部嚴格挑選的可靠廚具公司。

追求真正價值的究極基準 [amstyle]

amstyle在打造訂製廚房時的概念為「藉由持續使用來加深其風味」，而且對細節與材料挑選非常講究。不標新立異，使用基本的顏色與方正的造型等，設計出能夠美麗地融入空間之中的廚房。

特別是在材料方面，amstyle會以琺瑯、不鏽鋼、優質木材為基礎，追求「真品」。據說，他們會研究和開發各種材料看起來最美的厚度、光澤感、觸感很棒的質感。連設置在廚房櫃子內部，使用芬蘭樺木製成的收納用零件等看不到的部分都很講究，可以看得出他們很重視美感。

以「S7 ZARA OAK（島型廚房，寬度2850mm）」為範例／參考售價4,000,000日圓起
此新款廚房的魅力在於，經過長時間薰蒸的橡木材的木紋，以及有深有淺的色調。背後的白色琺瑯收納櫃是W3系列的緩衝高昇櫃（Tall Unit）。

透過一對一面談來實現的客製化廚房 [kitchenhouse]

kitchenhouse所追求的目標是「為您打造獨一無二的廚房」。由於他們貫徹了「一邊與顧客溝通，一邊製作」的風格，所以能夠仔細地對每位顧客所想要的廚房提供諮詢服務。

要如何設計才能打造出簡潔的動線？要如何「調整」才能將廚房內部收納空間塞滿？藉由與廚房製作專家商量這些事項，就能打造出沒有無用空間的客製化廚房。另外，除了檯面與櫃門的顏色種類很豐富以外，也能夠裝設許多國內外知名品牌的嵌入式設備，這點也是魅力之一。

以「Livorno & Mita Molise」為範例／
參考售價3,300,000日圓起
這款新作採用了歐洲現在很流行的沉穩灰色調。廚房內部搭配的是帶有明亮木紋的亮櫻桃木色（Light Cherry）。

展現拿手木工技術的完全訂製廚房 [Linea Talara]

自從木工廠成立以來，Linea Talara已經有20年以上的歷史。由於從材料的詳細調查到裁切加工、細部加工、表面加工等一連串的木材製品製造，都是該工廠的拿手絕活，而他們也將這些經驗與技術運用在廚房的製作上。因為有工廠，所以能降低成本，在調整交貨期方面不太會浪費時間，也是其魅力所在。在設計方案方面，不僅是廚房，他們也擅長以廚房為中心的空間搭配。

2016年1月，新的展示中心也蓋好了。在這個體感型展示中心內，可以實際使用6個知名品牌的烤箱與洗碗機。

©FOTOTECA 増子和美

以「南麻布的住宅」為範例／
參考售價4,410,100日圓起
在深灰色的廚房內，透過自然風格的木製櫃檯來增添溫馨感。使用德國製的嵌入式設備「SUS櫃檯」。

保留了系統廚房優點的客製化廚房 [CUCINA]

身為日本系統廚房先驅，CUCINA從事高級廚房販售已有40年的歷史。採用「完全訂製生產」方式，客戶下訂後才開始製作，從尺寸到顏色、選購設備都能自訂。與從頭開始製作的廚房不同，由於有準備基本模組，因此以客製化廚房來說，價格算是很合理，這點也是其魅力所在。所有商品皆在靜岡縣的工廠製造。透過長年培養出來的訂製家具製作技術，製作出高品質的產品。交貨時的施工也會由專屬的工匠來負責，也提供之後的維修服務。宛如家具般的廚房。

以「SAZANAMI（1列型廚房，寬度2600mm，採用嵌入式設備）」為範例／
參考售價1,696,000日圓起
隨意地將年輪很明顯的水曲柳薄板貼在一塊，讓廚房呈現高度的設計感。宛如訂製家具般的氣氛。

※參考售價是廚房本身的價格。不包含搬運、安裝、設置等的費用。

在個人住宅與集合住宅都留下許多實際成果的信賴品牌 [LIVING PRODUCTS]

從建築師所建造的個人住宅到大型集合住宅，LIVING PRODUCTS製作過各種廚房。他們運用培養了38年以上的秘訣，設計出符合該顧客風格的完全訂製廚房。

令人感到高興的是，有正式進口到日本國內的外國機器設備，該公司幾乎都有販售，在維修方面也可以放心。2015年10月，展示中心重新開幕。他們以「負責任的商品製作」為座右銘，以製作出既安全美觀又實用的產品為目標，好讓大家能夠享受與「飲食」相關的空間與時光。

以照片中的情況為範例／參考售價6,500,000日圓起
運用牆面收納空間，在烹調時，必要的器具會放置在容易取得的位置，烹調工作結束後，只要將門關上，看起來就像一面牆。不用再煩惱海綿、洗碗精、砧板等器具的收納位置。

也能配合廚房來設計收納空間 [kitchenhouse]

以「專為顧客打造而成的智慧型廚房」為概念，設計出以「帶有自我風格的廚房」為中心的空間。設計性當然不用說，顧客還能一邊與設計師詳談收納功能、收納量等實用部分，一邊構思只屬於自己的廚房。

比如說，設計師能幫我們解決「平底鍋的直立收納架」、「垃圾桶與垃圾袋的收納處」、「電子鍋擺放處」等日常生活中關於廚房的煩惱。在設計中加入許多這類生活小智慧正是ekrea的專長。也舉辦了讓顧客參加的交流會，讓彼此能分享料理與廚房的保養方法等。

以照片中的情況為範例（1列型廚房，寬度2700mm，採用嵌入式設備）／
參考售價1,800,000日圓起
藉由讓烹調機器設備與水槽側產生高低落差，將各個區域設計成方便使用的高度。為了搭配廚房主體採用的不鏽鋼，吊櫃也塗上適合的顏色。

※參考售價是廚房本身的價格。不包含搬運、安裝、設置等的費用。

第3章

Renovation Kitchen

透過翻修的方式
來打造的廚房

詢問翻修專家！

可以如此恣意地對廚房進行翻修嗎？

「想要進行翻修」的人，一開始所提到的場所大多都是廚房。
如果能夠擁有與生活風格很搭的廚房，
日常生活就會充滿樂趣。
來確認一下能夠實現這種任性要求的講究設備吧。

撰文：松川繪里

透過牆壁顏色來呈現個性

在牆壁、門等處大面積地塗滿令人印象深刻的孔雀藍色塗料，打造出很有個性的空間。

啤酒機

對於啤酒愛好者來說是難以抗拒的設備，並能提昇正式感。也能當成客人來訪時的驚喜。

高腳凳

採用高腳凳的話，視線就能與站在廚房內的人對上，讓人可以順利溝通。

設計：蘆澤啓治／蘆澤啓治建築設計事務所　製作：EcoDeco　攝影：太田拓實

為大家解答的是……

蘆澤啓治建築設計事務所
蘆澤啓治

1996年畢業於橫濱國立大學建築系。曾在super robot等處任職，之後在2005年成立蘆澤啓治建築設計事務所，獨立開業。

開放式置物架

如果喜愛各種酒類的話，就要使用這種架子。今天要喝哪瓶呢？可以和客人一起眺望架上物品。

玻璃杯架

採用營業用的簡約設計。高度有經過設計，容易拿取，也不會阻礙烹調工作。

水槽下方的外框

為了配合生活空間中的家具，統一採用鋼材。之後也可以再加裝櫃門或抽屜。

櫃檯

可以端出剛做好的料理，宛如店家般的氣氛。也可以面對面地用餐。

Q 如果想要呈現酒吧般的氣氛呢？

A 採用稍微硬派的材料與顏色。設備也要講究。

S氏夫妻倆皆有工作，他們的休閒時光總是離不開酒。為了將廚房改成適合兩人的生活風格，裝潢業者暫時先將中古公寓內的所有裝潢拆掉，拆到只剩骨架的狀態。一邊讓部分牆面保留混凝土的粗糙基底，一邊在牆面上大膽地塗上經過重重考慮後所選擇的孔雀藍色塗料，打造出特殊風格的空間。

櫃檯採用與廚房和表面板材很搭的簡約設計。一邊做菜一邊用餐的主人，視線高度與接受招待的客人一樣高，兩人可以聊得很起勁。啤酒機與玻璃杯架等正式設備也很講究。另外，藉由讓廚房與相鄰的居住空間在細節上採用相同的建材與顏色，使這個廚房能夠順利地融入空間之中。

Q 用來收納喜愛器皿的美觀陳列空間要如何製作呢？

A 不要裝櫃門，藉由使用獨特的顏色來積極地展示物品

「想要打造一個與喜愛的室內裝潢很搭的生活空間。」E氏夫妻買下中古公寓，並進行了翻修。他們很重視夫妻倆一起用餐的時光，即使這個小公寓僅有55㎡，還是要將一些空間分配給飯廳與廚房。

特別講究的部分是餐具櫃（食品儲藏櫃）。曾在巴黎生活的妻子，收藏了色彩繽紛的各種器皿與日用品。為了收納這些東西，必須要有足夠的空間。「想要在做菜或用餐時，觀賞這些物品。」妻子也提出了這樣的要求。

因此，櫃子沒有裝門，採用開放式設計，並將開口裁切成拱門狀。以帶有異國情調的深藍色為背景，襯托出色彩繽紛的餐具，讓人平常待在飯廳時，也能欣賞喜愛的器皿。

將開口裁切成拱門狀

透過拱門狀的開口來增添異國情調。畫框般的擷取效果也很棒。

能夠襯托餐具的牆壁顏色

選擇深藍色來當作用來襯托繽紛器皿的背景色。深藍色也會成為這個飯廳兼廚房空間的特色。

餐桌的位置與功能

將餐桌設置在能夠眺望餐具櫃的位置。另外，將水槽嵌入餐桌內，也能縮短動線，提昇工作效率。

可以變更高度的棚板

只要能夠變更棚板高度，無論是什麼尺寸的器皿，都能擺放得很漂亮。當器皿增加時，這種設計也很方便。

樸素的地板磁磚

考慮到器皿與其他材質的特色，地板採用樸素的設計。也為空間增添了西班牙式中庭（patio）般的氣氛。

為大家解答的是……

blue studio
石井健

blue studio的營業內容，包含了翻修＆設計建築的介紹以及住宅設計等。石井為該公司的執行董事，至今參與過500個案件以上。

設計：石井 健／blue studio　攝影：平野太呂

設計：川上堅次／ETLA design　顧問：ReBITA　攝影：大中 啟

Q 要如何打造出清爽簡約的明亮廚房呢？

A 用食品儲藏櫃提昇收納能力並採用樸素的顏色

屋主所訂製的是可以舉行家庭派對的明亮寬敞LDK。因此，廚房採用完全開放式的設計。不過，由於隔著櫃檯所有東西都會被看見，所以設置了具備收納能力的食品儲藏櫃。這種設計可以讓人方便收拾物品，廚房不會顯得雜亂。

另外，透過設置IH調理爐，讓廚房檯面變得很平坦。歸功於食品儲藏櫃，也不需要設置吊櫃，在清爽的一室格局空間內，視野很遼闊。

室內裝潢統一採用樸素的顏色。廚房檯面與換氣扇的面板都採用很薄的不鏽鋼板來製作，以降低其存在感。

為大家解答的是……

ETLA design／川上堅次

1975年出生於兵庫縣。曾到義大利留學，回國後畢業於日本大學。在2008年成立ETLA design。

❶ 食品儲藏櫃

大容量的食品儲藏櫃連家電也放得下。能夠使容易呈現生活氣息的廚房周圍變得清爽。

❷ 簡單的室內裝潢

象牙白的牆壁和天花板塗上了矽藻土。食品儲藏櫃的牆面則塗成淺藍色，增添柔和感。

❸ 非常薄的檯面

使用僅有6mm厚的不鏽鋼板。邊緣部分沒有進行彎曲加工，藉此來減少陽剛味。

設計：山田悅子／atelier etsuko　攝影：多田昌弘

Q 要如何用較低的成本來打造出古董風格呢？

A 利用黑色使空間緊實，並突顯材料的粗獷質感即可

原本的住宅是採用松木地板搭配白色室內裝潢的自然風格。屋主提出的要求為「想要打造成既酷炫又粗獷的古董風格，而且要盡可能地降低成本」。

對於這個要求，建築師與屋主經過商量後，所採用的主題為「完全外露的混凝土」、「粗獷的木紋」，以及「黑色」。廚房的設計也遵照這項原則來進行，除了人造大理石檯面、櫃檯的側板、磁磚以外，連換氣扇的外罩、照明設備也都貫徹這項原則。另外，廚房收納櫃的表面板材與飯廳收納櫃皆採用木紋風格的美耐皿，這種設計也有助於降低成本。

❶ 木紋風格的收納櫃門

收納櫃板材上的粗獷木紋很有存在感，但材質其實是美耐皿。透過較低的成本也能實現漂亮的外觀。

❷ 主題色

以能夠襯托木材與混凝土天花板的「黑色」為基調。廚房深處的牆壁也徹底使用黑色塗料來加工。

❸ 地板

帶有老木材風格的地板材質是橡木。透過粗獷的質感來提昇整個樓層的復古感。

為大家解答的是……

atelier etsuko／山田悅子

出生於兵庫縣。就讀廣島工業大學、荷蘭貝拉罕建築學院，後來在2007年成立事務所。

統一採用「灰色＋木紋」這種設計的飯廳兼廚房。充分地運用上下的空間，也設置了許多收納櫃。兼具簡約風格與使用便利性。

當初，W姓一家計畫要在丈夫老家的建地上興建獨棟住宅。他們透過雜誌與網路收集資訊，並參加住宅研討會，最後他們覺得建築師蘆澤啓治的設計「很接近自己的喜好」，於是向他提出委託。不過，就在設計方案完成時，這項計畫卻突然停止。據說，他們選擇的替代方案為，尋找能夠進行翻修的中古公寓。

「蘆澤先生說『格局很好』，所以就幫我們找了這間公寓。該公寓屋齡24年，去看屋時，雖然可以感受到內部有使用痕跡，但共用區域有經過確實打掃，給人的印象很不錯。」妻子這樣說。

蘆澤先生會推薦此公寓的格局是有理由的。理由在於，一走進玄關後，房間就會分成左右兩邊。由於W姓夫婦也有考慮到將來要和丈夫的雙親一起住，所以對他們來說，左右兩邊都有房間的話，就能以間接的方式來確保彼此的隱私。

在設計方案部分，由於獨棟建築用的設計圖已經完成了，所以蘆澤先生將那些要素融入公寓的形狀內，畫出新的房間格局圖。在被視為房間中心的客廳內，將書桌與大型收納櫃都集中在靠牆處，確保約10坪的寬敞空間。原

CASE 18.

雖然採用休閒簡約風格 但卻很愜意的廚房

**從風格到設計方案，建築師都實現了夫妻倆的願望。
這個飯廳兼廚房既容易整理又舒適。
連廚房與室內裝潢的契合度也有經過徹底計算，
是個很好的範例。**

攝影：渡邊有紀　撰文：大野麻里

鋼筋混凝土結構的公寓大廈
夫婦＋1個孩子
埼玉縣・W邸
設計：蘆澤啟治／
蘆澤啟治建築設計事務所

本是獨立型的廚房，將其牆壁拆掉後，移動到窗外光線照得到的位置。收納櫃部分統一採用貼上了灰色聚酯膠合板的平面門。從大公司那邊弄來的水曲柳材的木紋成了此設計的特色。正面採用地鐵磁磚，檯面則採用賽麗石。為了搭配此空間，所以新買了「HAY」的餐桌椅組。

另外，家具盡量採用訂製，家電盡量採用嵌入式機種，藉此來打造出更加簡約且舒適的空間。此處只擺放了最低必要限度的室內裝飾，高品味的修飾為房間增添了舒適的色彩。

接著，值得大書特書的，則是非常棒的收納空間規劃。客廳內有宛如隱藏門般的置物架，寢室內有衣櫥，此外還有一個約2坪大的步入式衣櫥……。房間看起來非常雅緻，讓人想不到家中有個5歲的孩子，這也許要歸功於這些收納空間。

「包含購屋費用在內，與獨棟建築的計畫相比，所需預算降低了約1千萬日圓。我覺得這樣也很好，可以把那些預算拿去升級設備，像是國外製造的烤箱、洗碗機、照明設備等。從結果來看，我們對翻修成果很滿意。」

客廳東側的靠牆處設置了一張嵌入式桌子，讓在家中工作的妻子可以在此處理一些作業。兩側乍看之下是牆壁，但其實是裝了滑軌門的大型收納櫃，書籍當然不用說，餐具等物也剛好放得下。

採光與通風良好的
客廳&飯廳

電視背後有一扇白色的牆。那扇牆裡面是2.1坪大的步入式衣櫥。據說，他們預定將來會把此處改造成兒童房。視聽櫃也是蘆澤先生配合房間設計製作而成的。

W邸的天花板上沒有任何照明設備。從設計階段，就將間接照明設備加入設計方案中，並配合此設計來設置插座。空調設備的管線也是嵌在牆壁內，讓多餘的管線徹底消失在視線中。

廚房的設備是由喜愛製作點心的妻子所挑選的。瓦斯爐採用設計感很高的林內產品。在烤箱方面，據說，妻子原本有考慮使用瓦斯烤箱，但她後來去參加AEG的體驗會，決定要買便於使用的電烤箱。

KITCHEN DATA

SPACE

廚房所在樓層的面積：約85m^2
廚房空間的面積：約9.5m^2

MATERIAL

地板：橡木，三層式地板
牆壁：石膏板＋塗裝
牆壁：露出混凝土骨架
檯面：賽麗石（silestone）
水槽：不鏽鋼
廚房櫃門材質：聚酯膠合板平面門 I 水曲柳
（大手材：用來隱藏平面門橫切面的裝飾材）
瓦斯爐：林內「RD640STS」
電烤箱：AEG「BE5003001M」
洗碗機：ASKO「D5554」
抽油煙機：W-Double「HT-90S」
廚房工程施工：坂上工務店

白、灰色、黑色……W邸的配色很美。透過水泥磚牆來將廁所、盥洗室、浴室等用水處圍起來。門採用相同色系的淺灰色，以降低存在感。為了有效利用空間，所以採用拉門。

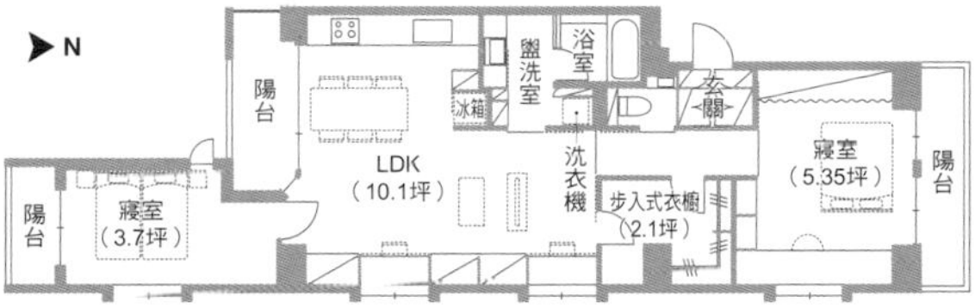

對於從事製作、販售兒童生活用品的妻子來說，自宅也是工作場所。不過，她刻意不設置用來當作工作室的房間，而是將白天不會使用到的寢室角落打造成工作區。透過嵌入式書桌來打造出最低限度的空間。

CASE 19.

一邊運用原有設備
一邊升級的
簡約雅緻廚房

沒有刻意變更格局就讓廚房煥然一新。
這個時尚廚房雖然很簡約，但質感很棒，
而且也徹底地呈現出住戶的個性。

攝影：阿部 健　文：森 聖加

鋼筋混凝土結構的公寓大廈
夫婦＋1個孩子　東京都・H邸
廚房設計：LIVING PRODUCTS
室內裝潢設計：GEN INOUE

H邸的飯廳、廚房原本整個都是全白的。H姓屋主說：「雖然我很喜歡翻修前的顏色，但我覺得風格過於平凡。由於待在廚房內的時間很長，所以想要呈現出我們自己的風格。」

「由於翻修前的廚房狀態基本上是良好的，所以我們運用了能夠使用的部分來進行翻修。」如同負責設計工作的LIVING PRODUCTS公司的江本惠子女士說的那樣，他們一邊運用原有的設備，一邊升級了設計感與機器設備。

長度將近3公尺的島型廚房櫃依照原樣保留了下來。有了很大變化的是牆面收納櫃的部分。櫃門採用毛刷加工法，並採用塗上了灰色消光塗料的直木紋橡木板材，給人煥然一新的印象。這是因為，灰色使原本的純白簡約空間變得醒目。檯面採用含有水晶成分的賽麗石。牆面為手工風格，刻意貼上保留了粗獷質感的磁磚。烹調用機器選擇兼具功能性與設計感的國外產品，像是德國GAGGENAU公司的瓦斯爐與二口式IH調理爐、電烤箱，以及AEG的洗碗機等。

即使是平日，也有許多朋友會聚集在H邸。「在感恩節之類的特別日子，丈夫會為大家製作烤箱料理喔。」

能夠與家人、朋友一起度過愉快時光，而且又充滿創意的智慧型廚房完成了。

上／食品收納櫃採用海福樂（Häfele）的緩衝高昇櫃。由於是抽屜式設計，所以即使縱深很深，還是能輕鬆取放物品。

右／櫃檯採用賽麗石製的「polar cap」。嶄新的灰色外觀成為了特色，使空間變得更加鮮明。

充滿了寧靜沉穩感的
單色調空間

櫃檯與島型廚房櫃的高度皆是略高的90cm，但對於身高很高的夫妻倆來說剛好。陽光會從旁邊的窗戶照進來。

KITCHEN DATA

SPACE

廚房所在樓層的面積：200m²
廚房空間的面積：39m²

MATERIAL

地板：大理石（原有）
牆壁（一部分）：平田磁磚「Hi-Ceramics」NAT-613-WM
檯面：賽麗石「polar cap」
廚房櫃門材質：直木紋橡木板材，聚氨酯塗層，毛刷加工法
抽油煙機：ARIAFINA「FEDL-951KYS」
瓦斯爐：GAGGENAU「VG231-234JP」
IH調理爐：GAGGENAU「VI 230-134」
電烤箱：GAGGENAU「BO 441 430」
洗碗機：AEG「F99015V10P」
混合水龍頭：GROHE「31095000」
淨水器：Cleansui「A103ZC」
廚房製作：LIVING PRODUCTS
室內裝潢設計：GEN INOUE

在吊櫃部分，只有門是新做的，採用與櫃檯相同的風格。櫃子下方的牆面採用手工風格的義大利製磁磚，質感很棒。

在調理爐方面，採用了GAGGENAU的大火力瓦斯爐與IH調理爐這種組合。對於喜愛料理的夫妻來說，大火力的烹調設備是必要的。

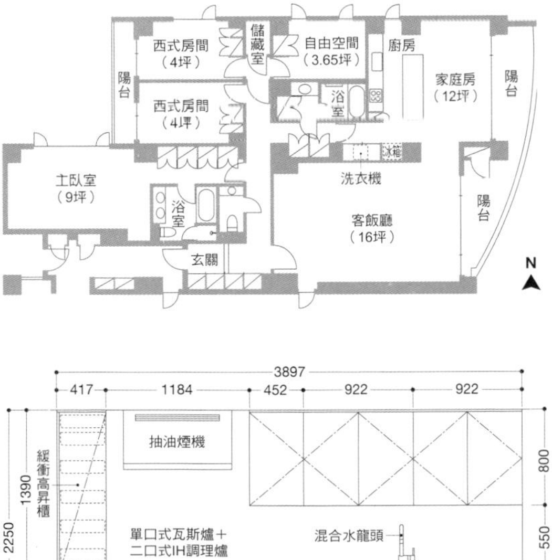

廚房的格局與翻修前幾乎一樣。保留原有的島型廚房櫃，對牆面的櫃檯部分進行修改。在廚房附近設置新的雜物間。

AEG的洗碗機的門與廚房櫃門採用相同材質，以維持整體的一致性。洗碗機為60cm型，容量很大。

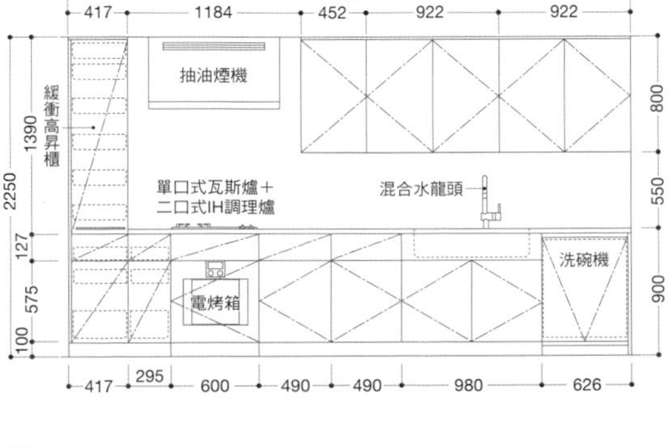

將大型抽屜收納櫃設置在廚房左側。由於也有裝設內套抽屜，所以也能輕鬆收納小東西。烹調設備採用設計感很高的產品。

能讓夫妻倆度過安穩時光的白色廚房

CASE 20.

透過公寓大廈的骨架翻修工程，K氏夫妻得到了理想的美麗廚房。
收納空間與動線當然不用說，
連室內裝潢也很講究，是個很好的範例。

攝影：阿部 健　撰文：森 聖加

耀眼的光線從南側的窗戶照入LDK。K氏夫妻決定要將丈夫結婚前所買的公寓大廈的骨架進行翻修。這對夫婦說：「我們一眼就愛上了ekrea那款帶有『空氣感』的組合式廚房。兼具獨創設計與使用便利性的機能美讓我們很中意，於是委託該公司進行設計。」

為了改變翻修前的昏暗印象，室內裝潢統一採用白色，並充分地運用南側的開口部位。藉由變更房間格局，廚房煥然一新，變得很明亮。誕生於此處的就是呈現く字形的獨特半島型廚房。

洗碗機嵌在半島型廚房櫃內。背後設置了用來放置廚房家電與餐具類的收納櫃。雖然是小型收納櫃，但能夠確實地保持一定的收納量。透過美麗的家具來整合空間。食品儲藏櫃與冰箱擺放空間設置在調理台旁邊，貫徹了不讓收納空間被人看見的設計。配合廚房的設計，在窗邊製作了一張妻子的桌子。參創HOUTEC的石坂川直美女士說：「這項產品兼具了設計本身的美感，以及經過收拾整理後的美感。」

據說，由於動線很短、保養容易，所以能夠輕鬆地保持美觀。到了晚上，透過裝設在廚房上方與窗邊桌子下方的間接照明，就能享受不一樣的氣氛。做完菜後，一起喝酒，成為了兩人最開心的時光。

鋼筋混凝土結構的公寓大廈
夫婦　東京都・K邸
廚房、室內裝潢設計：ekrea（參創 HOUTEC）

上／位於東南側角落的房間，有三面都設置了窗戶。運用這項有利的條件，來讓室內充滿光線。在挑選白色設備時，也很講究細微的差異。

右／依照公寓大廈原有的柱子與縱深，在窗邊製作出妻子的桌子。配合廚房的設計來製作，呈現出一致性。

左／位於廚房旁邊的食品儲藏櫃。雖然是小角落，但可以收納很多物品，像是乾貨、罐頭、瓶裝類等食品。

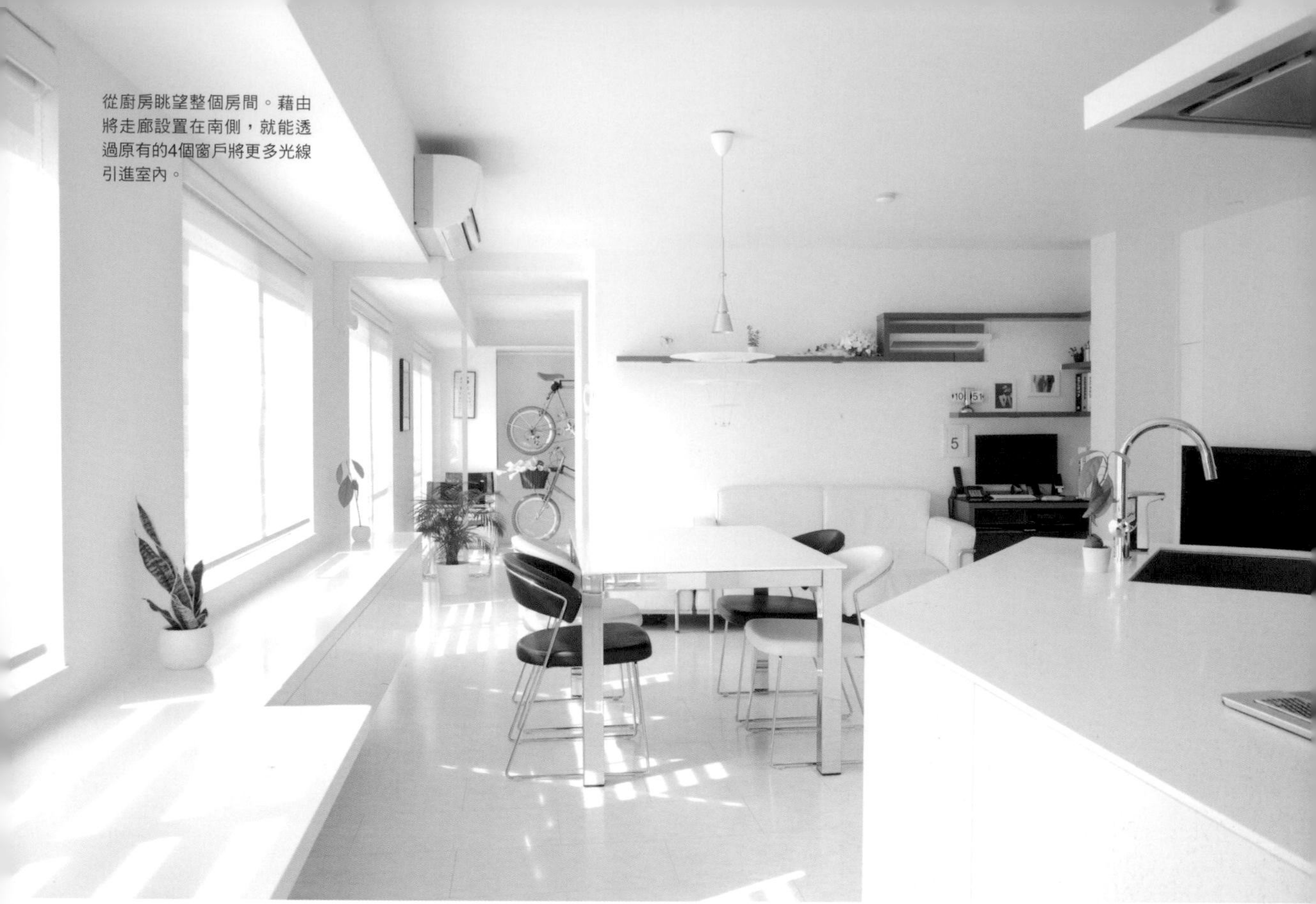

從廚房眺望整個房間。藉由將走廊設置在南側，就能透過原有的4個窗戶將更多光線引進室內。

這個空間會讓人愛上
用餐、聊天、享受興趣的時光

將3LDK的公寓大廈格局變更為以廚房為中心的1LDK格局。在LDK與化妝室之間設置斜向的隔間牆，讓空間產生寬敞感。

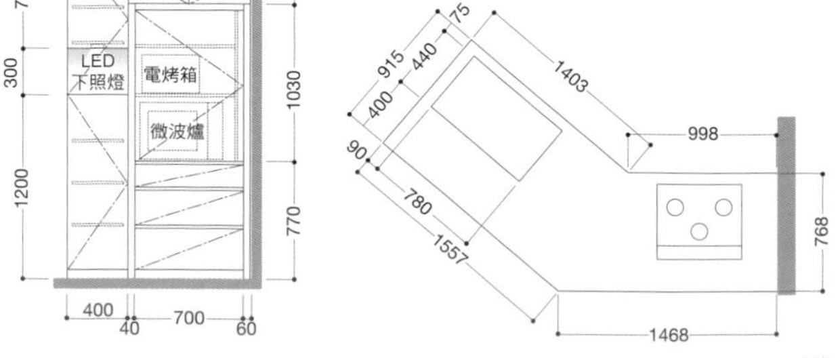

採用開放式設計，並讓廚房彎曲成「く」字形。這樣的話，即使兩個人一起站在廚房內，空間也夠寬敞。只要在水槽前方坐下來，廚房櫃檯就會變成吧檯式餐桌。廚房背後設置了高度達到天花板的收納櫃。

ekrea也擅長製作細膩的收納空間。調理爐下方的抽屜採用雙重構造，可以依照調理器具的深度與大小來分開收納。

KITCHEN DATA

SPACE
廚房所在樓層的面積：72m²
廚房空間的面積：8m²

MATERIAL
地板：鋪設石紋風格的地板
牆壁、天花板：貼上塑膠壁紙
檯面：杜邦公司的人工大理石ECOPRIMO，白色
廚房櫃門材質：MDF（中密度纖維板），單色芯材，聚氨酯塗層加工（保留了七成光澤的消光處理）
抽油煙機：ARIAFINA「CFEDL-901 TW」
瓦斯爐：林內「RHS31W10G7R-SL」
洗碗機：Panasonic「NP-45MD5W」
混合水龍頭：GROHE MINTA「31095 000」
廚房、室內裝潢設計：ekrea（參創 HOUTEC）

將櫃檯彎曲成「く」字形，也是為了提升空間的寬敞度。廚房與餐桌的距離也恰到好處，上菜很方便。

在玄關大廳內設置餐桌與椅子，打造出一個用來喝咖啡的區域。此處給人很舒適的沉浸感，很適合用來轉換心情。

將電器與餐具類收納在廚房背後。內部裝設了LED照明的玻璃展示櫃，宛如固定窗一般，結構工法很美觀。

很講究材質與顏色的廚房翻修

不僅是形狀，如果也能講究材質與顏色的話，
廚房應該就會成為更加舒適的空間。
介紹充滿個性的翻修廚房。

表面板材採用純白蠟木，檯面與抽油煙機則使用不鏽鋼。地板鋪設了400mm見方的磁磚，這種磁磚沒有光澤，能夠柔和地反射自然光。

3層樓的鋼筋混凝土結構連棟住宅
（其中1、2樓為雙層樓公寓）
千葉縣・竹內邸
設計：手嶋 保／手嶋保建築事務所

從飯廳觀看同時用來當作隔間牆的嵌入式家具。搭配建築師約翰．波森（John Pawson）所設計的餐桌來使用。

KITCHEN DATA

SPACE
廚房所在樓層的面積：27.75m²
廚房空間的面積：9.38m²

MATERIAL
地板：磁磚
牆壁、天花板：塗上灰漿
檯面、水槽：不鏽鋼
廚房櫃門材質：白蠟木

POINT 1

講究材質的契合度

攝影：平野太呂　撰文：森 聖加

竹內先生向手嶋保提出委託，請他翻修屋齡35年的連棟住宅。塗上灰漿的天花板與牆壁上，有當時帶著工作手套所留下的粉刷痕跡，地板上鋪設沒有光澤的磁磚。設置在這個白色空間內的，是使用天然白蠟木製成的廚房。

廚房採用靠牆的1列型設計方案，在設計時，也一直在思考要如何將竹內先生所擁有的法國公司「Tsé & Tsé associées」的不鏽鋼製收納櫃裝進廚房內。風格明亮活潑的白蠟木的木紋，為空間增添了柔和感，緩緩地中和了不鏽鋼所呈現的恬淡風格。

在廚房與客飯廳之間設置同樣採用白蠟木製成的嵌入式家具。該嵌入式家具將收納櫃與長椅融為一體。手嶋說：「為了搭配竹內先生從以前就很愛用的櫻桃木餐桌，所以我決定採用此樹種。」上方是互通的，可以一邊維持廚房與客飯廳之間的連結，一邊確實地將廚房的調理區隱藏起來。這種設計也令人感到高興。

在廚房與客飯廳之間設置嵌入式家具，一邊區隔空間，一邊確保收納空間。由於收納櫃兩側、收納櫃與天花板之間都不是封閉的，所以不會產生壓迫感。

POINT 2

講究空間的協調感

攝影：渡邊有紀　撰文：宮崎博子

這個曲面木製遮罩像是要從天花板將飯廳包覆起來似的。在透過翻修工程而重生的五十嵐邸中，這個充滿安穩感的用餐場所，就像是舒適的象徵。

從房子剛蓋好時，這對夫婦就住進了這棟離車站很近的公寓大廈，一住就是二十年。這對五十多歲的夫婦皆有工作，而且興趣廣泛，喜愛看書。雖然會花費心思去整理愛惜的書籍與CD，但似乎還是在找尋理想的住宅。據說，丈夫帶著用電腦製作的草圖去找他的建築師朋友廣部剛司先生，商量關於翻修的事。

丈夫說：「我想像出來的，是如同飯店套房那樣，不太有生活氣息的空間。」

這間位於角落的公寓住宅採光良好，面積54m^2，格局為2LDK。由於長年下來累積了許多不滿，所以「廚房為靠牆式，必須背對著談話」、「只有用水處的地板比較高」、「收納空間分散開來，用起來不方便」這些課題都浮上檯面。廣部先生回顧他到五十嵐邸重新調查時的事情。

「天花板的突出部分以L字形的方式，從廚房橫跨到陽台，裡頭不僅有橫梁，也有管線。為了消除這種壓迫感，我決定把房子拆到只剩骨架，並盡量減少無用空間，讓室內空間變得寬敞。我們也在討論要如何間接地將被切斷的空間連接起來。」

以前，用水處把位於東西兩側的LDK與寢室隔開，在丈夫的提議下，決定製作通道，翻修成能夠通過的盥洗室。包含洗手台在內，將嵌入式收納櫃集中設置，讓該處成為洄游式格局。

由於廚房應該靠近有管線通過的陽台，所以在北側設置盼望多時的開放式廚房。在一室格局的LDK內，設置在飯廳內的優美拱型遮罩為其焦點。這項設計將原本令人感到困擾的導管包覆起來，也將抽油煙機與照明設備包覆住，使這個空間能融入室內裝潢中。夫妻倆也常在這個宛如被守護著般的悠閒場所招待朋友，「bistro五十嵐」也常在此處開張，夫妻倆會用家常菜和珍藏的葡萄酒來款待客人。

另外，為了能「使質感隨著時間經過而提昇」，於是採用矽藻土牆與寬度較寬的胡桃木地板。「我實際感受到了富有材料質感的建材、嵌入式置物架與門的優良品質。」如同丈夫所言，室內氣氛煥然一新。透過門來遮住冰箱，收納櫃則統一採用米色系的水曲柳材。客廳的牆面收納櫃連電視與視聽設備也放得下。

「把文庫本擺出來，其他書籍則放進隱藏式收納空間。」依照這個方針來進行整理後，客廳變得既清爽又寬敞。天花板上方只保留設置電線所需的空間。而且還貼上了很薄的玻璃棉墊，藉此讓天花板高度提升了15cm。

透過米色的矽藻土牆與嵌入式收納櫃來為廚房增添柔和感。以前那扇凸窗的縱深較長，手不容易摸到，現在則將人工大理石檯面延伸到窗邊，將窗邊區域當成調理台的延長部分來使用。

來自兩個方向的光線互相融合，水曲柳收納櫃、廚房、天花板遮罩宛如將這個空間圍繞起來，藉由這種搭配方式來突顯建築物的輪廓。天花板的黑色玻璃棉墊，也會讓人覺得天花板比實際高度來得更高。

KITCHEN DATA

SPACE

廚房所在樓層的面積：54.33m²
廚房空間的面積：4.4m²

MATERIAL

地板：鋪設胡桃木複合式木地板
牆壁、天花板：在矽藻土塗層上進行塗刷加工
檯面、水槽：不鏽鋼
廚房櫃門材質：經過染色的水曲柳

鋼骨鋼筋混凝土結構的公寓大廈
夫婦
東京都・五十嵐邸
設計：廣部剛司／廣部剛司建築研究所

KITCHEN DATA

SPACE

廚房所在樓層的面積：43.47m²
廚房空間的面積：10.70m²

MATERIAL

地板：純木地板（栗木）
牆壁、天花板：塗上油漆
檯面：美耐皿
水槽：不鏽鋼、美耐皿
廚房櫃門材質：美耐皿

鋼筋混凝土結構的公寓大廈
夫婦
東京都・千葉邸
設計：空間社

巨大的黑板是用壁紙裝飾而成的藝術作品。依照不同的季節與活動來開心地作畫。

將透過外文書與雜誌所研究到的布魯克林風格滿滿地塞進LDK中。皮沙發購入於「ACTUS」，矮餐桌購入於中目黑的二手用品店，不僅很重視室內裝潢，在挑選家具時也很講究。

POINT 3

實現喜愛的風格

攝影：橋本裕貴　撰文：木村直子

一打開玄關大門，就會看到一整面的藍色世界。再穿過走廊，就會看到塗成了相同顏色的寬敞客飯廳。透過有點粗獷的室內裝潢、帶有復古質感的磚頭與木材、很有個性的藍色牆壁，來打造出千葉先生嚮往已久的布魯克林風格。他看了各種書籍與雜誌後，決定使用最有感覺的深藍色來塗滿主要空間。他說「我沒有一絲猶豫」。

這些油漆全都是夫妻倆自己塗的。千葉先生笑著說：「一開始塗上一層時，其鮮豔的顏色讓我冒出冷汗！」不過，據說後來塗上第二層後，光澤感就消失了，完成了想像中的顏色。妻子說：「現在只要被這個顏色包圍，就會覺得自己好像從很久以前就住在這裡，感覺很放鬆。」

另外，依照夫妻倆的要求，在西南側設置了窗戶。擔任設計工作的是空間社的朝倉美由紀女士，她說：「不僅是牆壁，連天花板他們也想要塗成藍色，所以要非常重視採光，以避免空間變得昏暗。」

部分採用水泥磚的牆面也成了恰到好處的特色。

朝倉女士說：「為了不讓水泥磚看起來是全新的，我們由上而下對因混入了炭而染成了灰色的接縫進行粉刷。」

廚房的材料是向公認善於處理詳細要求的「kitchenhouse」訂製。牆面收納櫃的檯面與餐桌採用相同材質，使整個LDK能呈現一致性。

另外，置物架採用帶有復古感的鷹架板，地板則採用帶有凹凸感的復古風格板材。透過種種設計，仔細地將帶有韻味的質感層層堆疊起來。

完工後，這對夫婦在入住的同時，也辦理了結婚登記。在這個充滿一起奮鬥的回憶的新家內，展開了新生活。

廚房周圍的物品，全都擺放在開放式牆面收納架上當作裝飾。千葉先生說：「在器具與鍋子的顏色、質感方面，也自然會挑選適合家中風格的產品。」

POINT 4

決定空間內的強調色

攝影：多田昌弘　撰文：森 聖加

左／飯廳的收納櫃。材質與設計和廚房相同，檯面為人工大理石，櫃門採用木紋風格的美耐皿製作而成。

右／廚房上方的照明設備是建築師阿爾瓦・阿爾托（Alvar Aalto）所設計的「GOLDEN BELL」的復刻版。此設備也是黑色。

谷石夫婦兩人都是平面設計師。此空間採用粗獷風格，包含了清水混凝土天花板、古木材風格的橡木地板、鋼製螺旋梯。用來使空間變得緊實的，是以黑色為基調的廚房。廚房的設計圖是建築師山田悅子依照妻子的草圖製作而成的。

在翻修前，此空間是松木地板搭配白色室內裝潢，風格很簡約。他們將此空間完全改變，變成了既沉穩又粗獷的風格。在廚房內有效地使用黑色的同時，也重新將樓梯塗成黑色，藉此來提昇其存在感，並突顯整個空間的一致性。

包含牆面收納櫃在內，廚房製作費約170萬日圓。老實說，這個價格出乎意外地合理。施工是委託給工務店的家具工匠。他們採用種類豐富的材料，打造出帶有自我風格的生活空間。

KITCHEN DATA

SPACE

廚房所在樓層的面積：37.8m²
廚房空間的面積：6.2m²

MATERIAL

地板：鋪設橡木地板，塗上天然塗料
牆壁：塗上「PORTER'S PAINTS」，部分牆面採用橡木地板，使用天然塗料與乳膠漆（EP）
天花板：清水混凝土，部分區域塗上乳膠漆（EP）
檯面：人工大理石
水槽：不鏽鋼
廚房櫃門材質：木紋風格的美耐皿

四棟相連的長屋，3層樓的鋼筋混凝土建築
夫婦＋1個孩子
東京都・谷石邸
設計：山田悅子／
atelier etsuko一級建築師事務所

為了搭配廚房，飯廳的收納櫃也採用相同的風格來設計。打造出能夠融入客飯廳空間的開放式廚房。

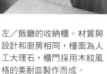

公寓大廈
夫婦＋1個孩子
東京都・A邸
設計：江崎雅代／
e do design
一級建築師事務所

LDK由伊姆斯（Eames）等20世紀中葉風格的設計家具所組成。廚房旁邊的牆壁採用吸濕性很高的ECOCARAT。

右／新設置的櫃檯檯面鑲入了60cm見方的磁磚。剛煮完菜的熱鍋子也能直接放在上面，很方便。

左／可以從廚房眺望客飯廳。由於原本的冰箱設置處的牆面被拆掉了，所以能夠一邊做菜，一邊得知家人的情況。

POINT 5

透過收納櫃來包覆原本的廚房

攝影：西川公朗　撰文：森 聖加

將原有的系統廚房整個包起來，使廚房煥然一新，看起來宛如家具一般。用來包覆原有廚房的，是使用胡桃木膠合板製成的收納櫃。為了搭配丈夫所收集的20世紀中葉風格家具，設計工作由建築師江崎雅代負責。

透過翻修工程，將原本位於水槽左側的冰箱設置處的牆面拆掉，讓視野變得很開闊，並提昇了廚房的開放感。

飯廳側的收納家具，採用的是按壓開啟式的抽屜收納櫃與鉸鏈門收納櫃。上方的吊櫃前面也貼上了胡桃木膠合板，讓風格呈現一致性。在原本的冰箱設置處的上方，依照原有吊櫃的高度來製作新的懸吊式收納空間。下方是連微波爐都擺得下的櫃檯式收納櫃。透過這樣的設計，調理區也變得較寬敞。

KITCHEN DATA

SPACE
廚房所在樓層的面積：65.49m²
廚房空間的面積：5.32m²

MATERIAL
地板：原有的柚木色地板
牆壁：貼上壁紙，部分區域採用磁磚（ECOCARAT）
天花板：貼上壁紙
檯面：胡桃木鑲飾膠合板、磁磚
廚房櫃門材質：胡桃木鑲飾膠合板

人氣設計師的推薦！

想要一直使用的廚房用具

如果使用的是因為喜愛而挑選的器具的話，
站在廚房內的時光就會變得更加開心。
設計師岩崎牧子女士向大家推薦了，
在使用便利性與設計上很出色，
令人想要一直用下去的廚房用具。

設計師：岩﨑牧子　攝影：木寺紀雄　撰文：大野麻里

MOLD SHAPE 密封罐
[WECK]

這是號稱擁有100年歷史的德國WECK公司的儲存罐。「只要使用另外販售的橡膠密封圈，就能緊緊地密封住，即使放入液體也沒問題。香料的氣味也不會散發出來。尺寸種類豐富，備齊整套也不錯呢。」80ml 320日圓起
◎MAX INTERNATIONAL

日式琺瑯鑄鐵鍋
[LE CREUSET]

如同其名稱，這個略淺的琺瑯鑄鐵鍋很適合用來製作壽喜燒與燉魚等日式料理。「對於可以在桌上品嘗的鍋類料理來說，這種深度（約8cm）很方便。在顏色方面，我推薦透過消光質感來呈現成熟韻味的消光黑。」
φ24cm 35,000日圓
◎Le Creuset Japon

縱型削皮器
[WMF]

這把縱型削皮器用起來的感覺跟握刀子一樣。透過能沿著食材表面移動的刀刃與防護零件，可以安全且迅速地削皮。「雖然削皮器一般都是橫的，但我喜歡縱型。用起來很順手。」
W2.7×D1.5×H19.3cm 3,000日圓
◎LIVING MOTIF

攝影協力：CUCINA 代官山展示中心 http://cucinastyle.jp/

沙拉碗（meal bowl）
[PUEBCO]

單嘴陶瓷碗的尺寸有4種，直徑為9.5～20cm。「這是尺寸最大的碗。只要備齊各種尺寸的碗，就能將碗套疊起來，所以收納也很方便。陶瓷的質感能夠營造氣氛，做好沙拉後，就能直接端到餐桌上。」φ20×H9cm 2,160日圓 ◎PUEBCO

砧板
[PUEBCO]

這塊砧板由芒果木與不鏽鋼握把所組成。「優點為木材很硬、食材切起來很順手。洗乾淨後，要晾乾時，只要讓握把部分朝下，木材就不會與擺放處直接接觸，可以防止木材變色與腐蝕。」H36×W20×D3cm 3,780日圓 ◎PUEBCO

經典廚刀
[Robert Herder]

這是Robert Herder公司的刀具。該公司在1872年創立於以刀具產地而聞名的德國索林根（Solingen）。「握柄部分是既堅固而且耐水性又高的李子木（李子樹的木材）。我很喜歡木柄系列，也有買麵包刀。」刃長：8.5cm 2,900日圓 ◎Y-YACHT

經典煎烤盤
[Turk]

該公司的工廠設置在德國的鐵製品製造中心，以約150年都沒有改變的製造方法來製作這個經典煎烤盤。「這是在日本研發出來的雙握把型。由於能夠把雞肉的皮烤得很脆，所以最適合用來製作烤肉料理。」
φ24cm 20,000日圓 ◎Zakkaworks

寶瓶椒鹽研磨罐
[MENU]

乍看之下，這個瓶狀輪廓實在不會讓人聯想到研磨罐。「看起來像軟木塞的部分是刻度盤，能夠調整鹽或胡椒的顆粒粗細。有四種顏色，我喜歡這個感覺比較黯淡的配色。」φ7×H20.5cm（2罐組）
11,000日圓 ◎Lampas

矽膠餐夾
[OXO]

此餐夾的前端採用耐熱性很高的矽膠包覆層。「矽膠既能防滑，在使用時也不會將鐵氟龍加工的平底鍋刮傷，相當好。附有固定功能，在收納時，能將夾子闔起來，所以很方便。」W4.5×H27cm
1,900日圓 ◎OXO

餐墊
[TEXTILE NO.]

這是一塊多功能的布，可以當作午餐墊、桌巾、餐巾等。「一塊布就有各種用途，必要時，可以在各種情況派上用場，很方便。由於是100%亞麻製成，所以一經清洗，就會磨損，並呈現出質感。」W50×H40cm
3,200日圓 ◎LIVING MOTIF

[鍋子]

鍋子盡量採用簡約設計。只要選擇高性能產品，烹調工作也會變得輕鬆許多。

法式烤鍋 [iittala]

這是由芬蘭設計師提摩．薩帕涅瓦（Timo Sarpaneva）所設計的鑄鐵製法式烤鍋（casserole）。內側採用琺瑯，保養也很容易。「現在的市售品只有黑色，但我很喜歡使用復古風格的紅色款。」
φ21.5×18cm 35,000日圓 ◎SCANDEX

無水鍋 [生活春秋]

從1953年發售以來，持續暢銷至今的暢銷鍋具。不使用水來烹調的無水烹調當然不用說，這個鍋子也能用來煮飯、製作烤箱料理，功能很多。「簡單就是好。由於是鑄鋁鍋，所以很輕，能夠輕鬆使用也是其魅力。」
φ20cm 8,800日圓 ◎生活春秋

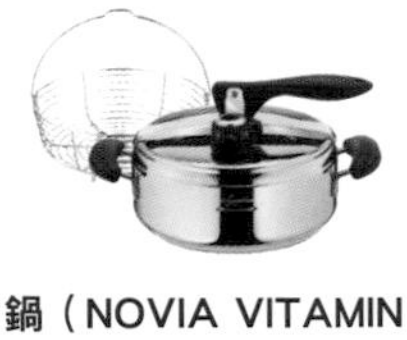

壓力鍋（NOVIA VITAMIN）[Lagostina]

在義大利，人們將Lagostina公司的壓力鍋當成結婚賀禮的基本款。「採用落蓋式設計，與一般壓力鍋相比，既輕盈又小巧，能夠輕鬆使用。」
3.5L 32,000日圓（附贈蒸籃）
◎Groupe SEB Japan

[平底鍋]

平底鍋的種類很豐富。依照烹調方式與易保養性來挑選適合自己的材質吧。

矩形烤盤 [Staub]

這是專業工匠遵循法國的傳統工法所製作出來的鑄造製品。「只要有這個烤盤，就會很方便。比起圓形烤盤，方形烤盤比較方便擺放長條蔬菜，所以我推薦方形烤盤。優點為能夠確實地在肉或蔬菜上烤出烤痕。」
底面W34×D21cm 14,000日圓 ◎Staub

平底鍋 [MEYER]

採用硬質耐酸鋁加工的「Circulon symmetry」系列平底鍋。內面採用最高級的碳氟聚合物，搭配該公司獨家的螺旋狀高低坑紋設計。「不易沾黏，使用少量的油就能烹調，很健康。」
φ27cm 10,000日圓 ◎MEYER JAPAN

Zwilling Energy [Zwilling]

光滑的表面採用天然陶瓷製成的次世代塗層規格。耐熱溫度非常高，達到450°，熱傳導率也很好。「推薦給正在找尋非鐵氟龍的塗層加工方式的平底鍋的人。」φ26cm 10,000日圓
◎Zwilling J.A. Henckels Japan

[水壺]

正因為每天都會使用，所以要挑選就算放在瓦斯爐上也美得像幅畫的水壺。

直筒型煮水壺 [工房AIZAWA]

這個不鏽鋼製的水壺表面採用手工拉絲處理（Satin Finish），消光質感給人很高雅的印象。「開口設計得很寬敞，連內部也很好清洗，所以很衛生。壺嘴很細，也適合用來沖泡滴漏式咖啡。」φ16cm×W22×H22cm 7,400日圓
◎AIZAWA

阿姆水壺 [野田琺瑯]

提把與蓋子握把的部分是柴田文江所設計。由於提把部分能夠轉成橫的，所以收納時可以節省空間。「除了白色以外，還有4種富有深度的顏色。請試著依照室內裝潢的風格來挑選吧。」
W23×D18.2×H19.5cm 6,000日圓
◎野田琺瑯

tetu鐵壺 [小泉道具店]

採用擁有400年歷史的南部鐵器的技術製成的鐵壺。蓋子的握把採用可以掛在邊緣晾乾的設計。「在挑選鐵壺時，如果是茶壺型的話，不能直接接觸火源，所以我會推薦水壺型。水質會變得很柔和。」φ16.5×H15cm 20,000日圓
◎小泉道具店

[砧板]

除了經常使用的切菜砧板以外，最好再多準備一塊可以用於裝盤的木製砧板。

砧板 [工房isado]

這是木工創作者本田淳以手工方式製作的砧板。其特色為，主要採用滯銷的闊葉木，保留了製材時所留下的鋸痕，帶有獨特質感。「有種培育般的心情，令人想要永久使用這塊砧板。」
W20×H35cm 8,000日圓 ◎工房isado
※售價會依照尺寸而改變。不接受直接訂購。

3D造型切菜板 大型三稜鏡 [BOWER STUDIO]

大膽的幾何學圖案令人印象深刻。「一面是沒有經過加工的楓木，另一面則有上色，不使用時，可以用來展示。」W36.5×D2.4×H24.7cm
24,000日圓 ◎MoMA DESIGN STORE

胡桃木6.1.2 Hole Slab Long [On Our Table]

設計此產品的，是在加拿大從事設計工作的傑佛瑞．里爾傑（Geoffrey Lilge）。特色為很大的握把。「尺寸感與餐桌很搭。」
W22.2×D2×H60.8cm 20,000日圓
◎Swimsuit Department

[廚房家電]

用起來很開心的優質設計廚房家電陸續登場。

咖啡手沖壺1.2L [Russell Hobbs]

無線型的電子咖啡手沖壺。即使水剛煮沸，底部也不會變熱，可以直接放在餐桌上。「若要煮一杯咖啡的話，水只需一分鐘就會煮沸，速度很快！壺嘴很細，最適合用來沖泡咖啡。」W27×D13×H23.5cm 12,000日圓 ◎大石&Associates

M300 [bamix]

創立於瑞士的「bamix」是手持型食物攪拌器的領導品牌。去年發售的「M300」是經過改良的新機種。「如果是灰色的話，跟雅緻的廚房也很搭。」本體φ6.5×H34cm 22,000日圓（smart型）◎CHERRY TERRACE 代官山

S30 [Vitamix]

許多專家也愛用的攪拌機。新機種「S30」採用寬度15cm的小型尺寸。「很棒的是，除了一般的容器以外，還附贈了一個可以製作一人份冰沙的600ml瓶狀容器。」W15.2×D22.9×H20.3cm 89,000日圓 ◎entrex

迪朗奇半自動旗艦型咖啡機 EC860M [DeLonghi]

只要裝上牛奶容器，按下按鍵後，就能做出卡布奇諾。如果改成裝上奶泡器的話，就能使用奶泡來玩咖啡拉花。「機身為不銹鋼製，外觀也很正式。在家中品嘗咖啡滋味。」W28×D32×H31cm 60,000日圓 ◎DeLonghi Japan

VOT-1 [Vitantonio]

雖然是寬度31cm的小型烤箱，卻可以一次烤4片土司。附有溫度調整功能，可將溫度控制在80～240度之間。「設計風格很簡約，不會影響到室內裝潢。」W31×D32.5×H21.4cm 7,600日圓 ◎mh enterprise

多功能電烤爐 [Cuisinart]

這台新奇的電烤爐可以打開使用，也可以蓋起來烤食材。「在烤肉聚會或家庭派對中，也很推薦使用此產品。附贈雙面烤盤，能夠在各種料理中揮發作用。」W34×D30×H19cm 15,000日圓 ◎Conair Japan

[保存容器]

為了打造出漂亮的廚房，所以要採用「展示用收納容器」。

附有握把的密封罐 [Cellarmate]

這個密封罐雖然構造簡單，卻能確實地達到密封效果，而且是令人放心的日本製產品。「在製作蜜漬點心或梅酒時，能夠發揮很大作用。由於附有握把，所以即使重量很重，也很容易搬運。所有零件都能拆開來清洗，很衛生。」2L 1,500日圓 ◎Cellarmate

白色系列 [野田琺瑯]

生活高手的保存容器基本款。功能非常多，可以用於料理的前製作業、烹調、保存食物。「可以直接放進冰箱，也能放入烤箱，或是直接在爐火上加熱。蓋子的種類也能選擇，尺寸也很齊全。」W10.6×D10×H5.4cm 1,100日圓起 ◎野田琺瑯

雙蓋式密封罐 [Le Parfait]

這款法國製密封罐，能夠透過內蓋與外蓋的雙蓋式設計來進行密封保存。「最適合用來保存做好的果醬與西式醃菜。開口很大，裡面容易清洗，這一點也令我很滿意。」φ9.5×H7.8cm（350cc）900日圓起 ◎Le Parfait日本事業部

[碗&方形淺盤]

使用頻率較高的工具，最重要的是要便於使用且容易收納。

琺瑯烤盤五件組 [FALCON]

英國琺瑯器皿製造公司FALCON創立於1920年代。「此餐具組包含了3種大尺寸方形淺盤，以及2個器皿，可以用套疊的方式來收納，很方便。烤盤有一定深度，也能用來製作烤箱料理。」W19.6～36.8×D15.2～29.8×H5cm 18,000日圓 ◎Playmountain

圓形漏盆 [柳宗理]

透過多孔金屬板來將一塊不鏽鋼板打出許多孔，製作出這個過濾用容器。「比起用金屬網製成的篩子，網眼不容易堵塞，尺寸也有分。如果將同系列的漏盆搭配使用的話，就會更加方便。」27cm 4,000日圓 ◎佐藤商事

攪拌碗 [eva solo]

丹麥廚具品牌「eva solo」以高度設計性而聞名。附有握把的碗分成3種尺寸，也能夠漂亮地將碗疊在一起。「底部有裝設橡膠，碗不會滑動，可以穩定地使用。」1.5L 2,000日圓起 ◎akatsuki corporation

咖啡研磨機R-220
[富士皇家]

這是專業咖啡機器設備公司所製造的小型營業用設備。這台研磨機在聲音的安靜程度、研磨品質方面都很出色，行家也會滿意。「採用復古設計，擺著當裝飾也很好看。共有3種顏色，我推薦黑色的。」W16.5×D24.5×H36cm 50,000日圓起
◎富士珈機

屋形咖啡量匙
[TORCH]

胡桃木製的咖啡量匙，使用起來會讓人覺得很開心。基本上，若是深度烘焙的話，一杓為10g；若是中度烘焙的話，一杓則是12g。「採用光是擺著就很可愛的設計。由於可以立起來，所以不佔空間。」W4×D4×H13cm 1,600日圓
◎cafe vivement dimanche

CARAT 咖啡濾杯＆咖啡壺
[KINTO]

這款不用濾紙的咖啡濾杯採用不鏽鋼製濾網。在沖泡咖啡時，不會濾掉含有大量美味的油脂。「俐落的設計很棒。咖啡壺有附蓋子也是其優點。」ϕ11.2×H20.5cm・W14cm 5,000日圓 ◎KINTO

不鏽鋼製手沖細口壺「雫」
[TAKAHIRO]

由於濾紙與法蘭絨濾布愛用者提出了「想要倒出更細的熱水」這樣的意見，所以該公司研發了這款壺嘴7mm的細口壺。「消光黑是只提供給dimanche的原創色。」W24×D12×H16cm 15,000日圓
◎cafe vivement dimanche

PACIFIC FURNITURE SERVICE
東京都渋谷区恵比寿南1-20-4
tel. 03-3710-9865　fax. 03-3710-9798
E-mail. shop@pfservice.co.jp
http://pfservice.co.jp

廣部剛司
廣部剛司建築研究所
神奈川県川崎市高津区諏訪1-13-2 広佐ビル3F
tel. 044-833-9798
E-mail. info@hirobe.net
http://www.hirobe.net

廣田 悟＋廣田泰子
廣田悟建築設計事務所
東京都千代田区猿楽町2-1-11アンテニア御茶ノ水403
tel. 03-6231-5955　fax. 03-6231-5956
E-mail. info@hirotaa.net
http://www.hirotaa.net/

FILE
京都府京都市左京区下鴨西本町30
tel. 075-712-0041　fax. 075-712-4556
E-mail. kyoto@file-g.com
http://www.file-g.com

PROSTYLE DESIGN
東京都港区南青山7-10-7 1F/2F
tel. 03-5774-8288　fax. 03-5774-8298
prostyle.design@luck.ocn.ne.jp
http://www.prostyle-design.com

堀内 雪
Studio CY
東京都狛江市駒井町3-10-9
tel. 03-5761-5020　fax. 03-5761-5820
E-mail：contact@studiocy.com
http://www.studiocy.com

山田悦子
atelier etsuko一級建築師事務所
東京都杉並区和泉4-47-15 平澤ビル4F
tel. 03-6795-8225　fax. 03-6795-8224
E-mail. yamadaetsuko@e-mail.jp
http://www.a-etsuko.jp/

若松 均
若松均建築設計事務所
東京都世田谷区深沢7-16-3 fw bldg.101
tel. 03-5706-0531　fax. 03-5706-0537
E-mail. info@hwaa.jp
http://www.hwaa.jp

刊載廠商一覽

AIZAWA
tel. 0256-63-2764

akatsuki corporation
tel. 03-3941-3151

川本敦史＋川本MAYUMI
mA-style architects
静岡県牧之原市細江212-38
tel. 0548-23-0970　fax. 0548-23-0971
E-mail. ma-style@yr.tnc.ne.jp
http://www.ma-style.jp

岸本和彥
acaa
神奈川県茅ヶ崎市中海岸4-15-40-403
tel. 0467-57-2232　fax. 0467-57-2129
E-mail. kishimoto@ac-aa.com
http://www.ac-aa.com

朝倉美由紀＋宮本泰則
空間社
東京都世田谷区深沢1-5-18
tel. 03-5707-2330　fax. 03-5707-2331
E-mail. info@kukansha.com
http://www.kukansha.com

清水禎士＋清水梨保子
TRES建築事務所
東京都港区麻布十番4-3-1-1090
tel. 03-5443-6140　fax. 03-5443-6180
E-mail. info@tres-architects.com
http://www.tres-architects.com

田井勝馬
田井勝馬建築設計工房
神奈川県横浜市中区相生町1-15 第2東商ビル5F
tel. 045-227-7867　fax. 045-227-7868
E-mail. kt-archi@nifty.com
http://www.tai-archi.co.jp

高橋 悟
TKD-ARCHITECT
福島県郡山市安積町荒井字北大部5-23
tel. 024-973-6915　fax. 024-973-6916
E-mail. info@tkd-architect.com
http://tkd-architect.com/

竹内 巖
竹內巖／HAL ARCHITECTS
東京都港区南青山5-6-3 メゾンブランシュII 2F A
tel. 03-3499-0772　fax. 03-3499-0802
E-mail. takeuchi@halarchitects.com
http://www.halarchitects.com

都留理子
都留理子建築設計工作室
神奈川県川崎市高津区下作延
tel. 044-272-6932　fax. 050-7513-5209
E-mail. info1@ricot.com
http://www.ricot.com

手嶋 保
手嶋保建築事務所
東京都文京区春日2-22-5-515
tel. 03-3812-2247　fax. 03-6319-1455
E-mail. mail@tteshima.com
http://www.tteshima.com

西田 司
ondesign & Partners
神奈川県横浜市中区弁天通6-85 宇徳ビル401
tel. 045-650-5836　fax. 045-650-5837
E-mail. info@ondesign.co.jp
http://ondesin.co.jp/

設計事務所一覽

蘆澤啟治
蘆澤啟治建築設計事務所
東京都文京区小石川2-17-15-1F
tel. 03-5689-5597　fax. 03-5689-5598
E-mai. info@keijidesign.com
http://www.keijidesign.com/

石井 健
blue studio一級建築師事務所
東京都中野区東中野1-55-4 大島ビル第2別館
tel. 03-5332-9920　fax. 03-5332-9837
E-mai. o_toi_awase@bluestudio.jp
http://www.bluestudio.jp

井手孝太郎
artechnic一級建築師事務所
東京都世田谷区代沢3-17-15 BREEZE-1 F
tel. 050-3736-3678
E-mai. info@artechnic.jp
http://www.artechnic.jp/

井上 聰
井上聰建築計畫事務所
福岡市南区大橋2-2-1 マルイビル2F
tel. 092-512-3233　fax. 092-552-5079
E-mail. s@inouesatoru.jp
http://www.inouesatoru.jp/

伊原孝則
FEDL（Far East Design Lab）
東京都港区麻布台2-2-12-6BC
tel. 03-3585-5573　fax. 03-3585-5574
E-mail. info@fedl.jp
http://fedl.jp/

今城敏明＋今城由紀子
今城設計事務所
神奈川県川崎市高津区二子3-26-8-301
tel. 044-712-5361　fax. 044-712-5362
E-mail. info@imajo-design.com
http://www.imajo-design.com

上原 和
上原和建築研究所
東京都小金井市本町5-37-14
tel. 042-401-1248　fax. 042-401-1249
E-mail. uehara@k-uehara.com
http://www.k-uehara.com

江崎雅代
e do design一級建築師事務所
茨城県土浦市港町3-7-7
tel. 029-886-3502　fax. 029-886-3421
E-mai. info@edodesign.jp
http://www.edodesign.jp/

川上堅次
ETLA design
東京都中央区銀座7-12-6 TAMARUYA BLDG. 2F
tel. 050-3555-1808
E-mail. info@etladesign.jp
http://www.etladesign.jp/

林內
tel. 052-361-8211（代表）

LE CREUSET 客服專線
tel. 03-3585-0198

Le Parfait日本事業部（Deniau綜合研究所）
tel. 03-6450-5711

Y-YACHT（Robert Herder）
tel. 052-331-2838

廚具公司一覽

amstyle東京
tel. 03-5428-3533
http://www.amstyle.jp

ekrea展示中心
tel. 03-5940-4450
http://ekrea.jp

kitchenhouse
tel. 03-3705 8411
http://www.kitchenhouse.jp

CUCINA東京展示中心
tel. 03-3496-1003
http://cucinastyle.jp

Linea Talara
tel. 03-3708-8555
http://linea-talara.com/contact

LIVING PRODUCTS
tel. 03-3725-7531
http://www.livi.co.jp

LiB contents
tel. 03-3719-5738（2016年2月移転予定）
http://www.libcontents.com

CHERRY TERRACE 代官山
tel. 03-3770-8728

Zwilling J.A. Henckels Japan
tel. 0120-75-7155

綱島商事
tel. 03-3833-1331

TEAM7JAPAN
tel. 03-5908-1828

DeLonghi Japan 技術中心
tel. 0120-804-280

NORITZ 客服中心
tel. 0120-911-026

野田琺瑯
tel. 03-3640-5511

Panasonic 客服中心
tel. 0120-878-365

PUEBCO
tel. 050 3452 6766

富士珈機
tel. 06-6568-0440

Playmountain
tel. 03-5775-6747

MAX INTERNATIONAL
tel. 03-6861-4511

MEYER JAPAN
tel. 0120-23-8360

Miele Japan
tel. 0570-096-300

Major Appliance
tel. 0562-93-1878

MoMA DESIGN STORE
tel. 03-5468-5801

Euromobil大阪
tel. 06-4964-0601

Euromobil東京
tel. 03-6300-5361

Lampas（MENU）
tel. 03-3862-6570

LIVING MOTIF
tel. 03-3587-2784

entrex（Vitamix）
tel. 03-5368-2539

mh enterprise
tel. 03-6758-2070

N.TEC東京分店
tel. 03-5833-0833

日本伊萊克斯 Electrolux Japan
tel. 03-6743-3070

大石&Associates
tel. 03-5333-4447

OXO
tel. 0570-031212

cafe vivement dimanche
tel. 0467-23-9952

KINTO
tel. 03-3780-5771

KREIS&Company bulthaup展示中心
tel. 03-6418-1077

Groupe SEB Japan（Lagostina）
tel. 0570-077772（ナビダイヤル）

小泉道具店
tel. 042-574-1464

工房isado
http://homepage2.nifty.com/isado/

Conair Japan
tel. 03-5413-8353

Zakkaworks
tel. 03-3295-8787

佐藤商事
tel. 03-5218-5338

Swimsuit Department
tel. 03-6804-6288

SCANDEX
tel. 03-3543-3453

STAUB（Zwilling J.A. Henckels Japan）
tel. 0120-75-7155

生活春秋
tel. 082-239-1200

Cellarmate（星硝）
tel. 03-5401-1746

TITLE

大師如何設計：廚房空間舒適美學

STAFF

出版	瑞昇文化事業股份有限公司
編著	X-Knowledge Co. Ltd.
譯者	李明穎
監譯	大放譯彩翻譯社
總編輯	郭湘齡
責任編輯	蔣詩綺
文字編輯	黃美玉　徐承義
美術編輯	孫慧琪
排版	二次方數位設計
製版	昇昇興業股份有限公司
印刷	皇甫彩藝印刷股份有限公司
法律顧問	經兆國際法律事務所　黃沛聲律師
戶名	瑞昇文化事業股份有限公司
劃撥帳號	19598343
地址	新北市中和區景平路464巷2弄1-4號
電話	(02)2945-3191
傳真	(02)2945-3190
網址	www.rising-books.com.tw
Mail	deepblue@rising-books.com.tw
初版日期	2018年2月
定價	350元

ORIGINAL JAPANESE EDITION STAFF

装丁・本文デザイン　渡辺和音、大鹿純平（スープデザイン）
カバー写真
（表）撮影　松村隆史
設計　伊原孝則／FEDL（ファーイースト・デザイン・ラボ）
（裏左）撮影　平野太呂
設計　川本敦史、川本まゆみ／エムエースタイル建築計画
（裏右）撮影　永禮　賢
設計　西田　司、海野太一、一色ヒロタカ／オンデザインパートナーズ
（前そで）撮影　木寺紀雄
設計　上原　和／上原和建築研究所

國家圖書館出版品預行編目資料

大師如何設計：廚房空間舒適美學 / X-Knowledge Co. Ltd.編著；李明穎譯.
-- 初版. -- 新北市：瑞昇文化, 2018.03
136面；18.2 x 24.5公分
ISBN 978-986-401-224-4(平裝)

1.家庭佈置 2.空間設計 3.廚房

422.51　　107001655